"十四五"职业教育国家规划教材

职业教育**数字媒体应用**人才培养系列教材

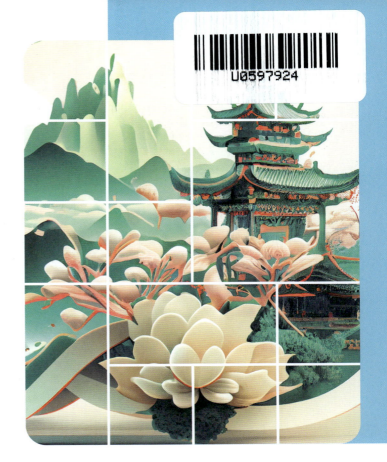

电子活页全彩微课版

Photoshop
实例教程

Photoshop 2020

周建国◎主编 刘峰◎副主编

人民邮电出版社

北 京

图书在版编目（CIP）数据

Photoshop实例教程 ： Photoshop 2020 ： 电子活页全彩微课版 / 周建国主编. -- 北京 ： 人民邮电出版社, 2024.1
职业教育数字媒体应用人才培养系列教材
ISBN 978-7-115-63475-7

Ⅰ. ①P… Ⅱ. ①周… Ⅲ. ①图像处理软件—教材 Ⅳ. ①TP391.413

中国国家版本馆CIP数据核字(2024)第004738号

内 容 提 要

本书全面、系统地介绍 Photoshop 2020 的基本操作方法和图形图像处理技巧，包括图像处理基础知识、初识 Photoshop、绘制和编辑选区、绘制图像、修饰图像、编辑图像、绘制图形与路径、调整图像的色彩与色调、图层的应用、文字的使用、通道的应用、蒙版的使用、滤镜效果、动作的应用和综合设计实训等内容。

书中主要章以课堂案例为主线，每个案例都有详细的操作步骤，学生通过实际操作可以快速熟悉软件功能并领会设计思路。软件功能的解析能使学生深入学习软件功能和制作技巧。课堂练习和课后习题可以提升学生对软件的实际应用能力。综合设计实训可以帮助学生快速掌握商业图形图像的设计理念和设计元素，顺利达到实战水平。

本书可作为高等院校数字媒体艺术类专业课程的教材，也可供初学者自学参考。

- ◆ 主　　编　周建国
  副 主 编　刘　峰
  责任编辑　马　媛
  责任印制　王　郁　彭志环
- ◆ 人民邮电出版社出版发行　　北京市丰台区成寿寺路 11 号
  邮编　100164　电子邮件　315@ptpress.com.cn
  网址　https://www.ptpress.com.cn
  鑫艺佳利（天津）印刷有限公司印刷
- ◆ 开本：787×1092　1/16
  印张：17.25　　　　　　　2024 年 1 月第 1 版
  字数：452 千字　　　　　　2025 年 6 月天津第 4 次印刷

定价：79.80 元

读者服务热线：(010)81055256　印装质量热线：(010)81055316
反盗版热线：(010)81055315

本书全面贯彻党的二十大精神，以社会主义核心价值观为引领，传承中华优秀传统文化，坚定文化自信，使内容更好地体现时代性、把握规律性、富于创造性。

Photoshop 是由 Adobe 公司开发的图形图像处理软件。它功能强大、易学易用，深受图形图像处理爱好者和平面设计人员的喜爱，已经成为图形图像处理领域最流行的软件之一。目前，我国很多高职高专院校的数字媒体艺术类专业都将"Photoshop"作为一门重要的专业课程。为了帮助高职高专院校的教师全面、系统地讲授这门课程，使学生能够熟练地使用 Photoshop 进行创意设计，我们组织了长期在高职高专院校从事 Photoshop 教学的教师和专业平面设计公司中经验丰富的设计师，共同编写了本书。

本书按照"课堂案例—软件功能解析—课堂练习—课后习题"这一思路进行编排，力求通过课堂案例的演练，使学生快速熟悉软件功能和艺术设计思路；通过软件功能解析，使学生深入学习软件功能和制作思路；通过课堂练习和课后习题，提升学生的实际应用能力。在内容编写方面，本书力求细致全面、重点突出；在文字叙述方面，本书注意言简意赅、通俗易懂；在案例选取方面，本书强调案例的针对性和实用性。

为方便教师教学，本书配备了详尽的案例操作视频以及 PPT 课件、教学大纲、素材和效果文件等丰富的教学资源，任课教师可到人邮教育社区（www.ryjiaoyu.com）免费下载这些资源。本书的参考学时为 60 学时，其中实训环节为 32 学时，各章的参考学时参见下面的学时分配表。

章	课程内容	学时分配	
		讲授	实训
第 1 章	图像处理基础知识	1	—
第 2 章	初识 Photoshop	2	—
第 3 章	绘制和编辑选区	2	2
第 4 章	绘制图像	1	2
第 5 章	修饰图像	2	2
第 6 章	编辑图像	2	2
第 7 章	绘制图形与路径	2	2
第 8 章	调整图像的色彩与色调	2	2

续表

章	课程内容	学时分配	
		讲授	实训
第 9 章	图层的应用	2	2
第 10 章	文字的使用	2	2
第 11 章	通道的应用	1	4
第 12 章	蒙版的使用	2	4
第 13 章	滤镜效果	2	2
第 14 章	动作的应用	1	2
第 15 章	综合设计实训	4	4
学 时 总 计		28	32

由于编者水平有限，书中难免存在不妥之处，敬请广大读者批评指正。

编 者

2023 年 10 月

CONTENTS 目录

目录 C O N T E N T S

CONTENTS 目录

目录 C O N T E N T S

CONTENTS 目录

目录 CONTENTS

CONTENTS 目录

目录 C O N T E N T S

Photoshop 教学辅助资源

素材类型	数　量	素材类型	数　量
教学大纲	1 套	课堂案例	38 个
电子教案	15 单元	课堂练习	14 个
PPT 课件	15 个	课后习题	14 个

配套视频列表

章	微课视频	章	微课视频
第 3 章 绘制和编辑选区	制作时尚彩妆类电商 Banner	第 9 章 图层的应用	制作收音机图标
	制作商品详情页主图		制作生活摄影公众号首页次图
	制作旅游出行公众号首图	第 10 章 文字的使用	制作家装网站首页 Banner
	制作橙汁海报		制作霓虹字
第 4 章 绘制图像	制作美好生活公众号封面次图		制作餐厅招牌面宣传单
	制作浮雕画		制作女装类公众号封面首图
	制作应用商店类 UI 图标		制作服饰类 App 主页 Banner
	制作女装活动页 H5 首页	第 11 章 通道的应用	制作婚纱摄影类公众号运营海报
	制作欢乐假期宣传海报插画		制作活力青春公众号封面首图
	制作时尚装饰画		制作女性健康公众号首页次图
第 5 章 修饰图像	修复人物照片		制作婚纱摄影类公众号封面首图
	为茶具添加水墨画		制作化妆品类公众号封面次图
	制作头戴式耳机海报		制作摄影类公众号封面首图
	清除照片中的涂鸦	第 12 章 蒙版的使用	制作饰品类公众号封面首图
	制作美妆教学类公众号封面首图		制作服装类 App 主页 Banner
第 6 章 编辑图像	制作装饰画		制作化妆品网站详情页主图
	制作音量调节器		制作豆浆机广告
	为产品添加标识	第 13 章 滤镜效果	制作汽车销售类公众号封面首图
	制作旅游公众号首图		制作淡彩钢笔画
	制作房地产类公众号信息图		制作文化传媒类公众号封面首图
第 7 章 绘制图形与路径	制作箱包类促销 Banner		制作美妆护肤类公众号封面首图
	制作箱包 App 主页 Banner		制作家用电器类公众号封面首图
	制作食物宣传卡	第 14 章 动作的应用	制作娱乐类公众号封面首图
	制作音乐节装饰画		制作文化类公众号封面首图
	制作中秋节海报		制作"悦"读生活公众号封面次图
第 8 章 调整图像的色彩与色调	修正详情页主图中偏色的图像		制作影像艺术公众号封面首图
	制作休闲生活类公众号封面首图	第 15 章 综合设计实训	制作时钟图标
	调整过暗的图像		制作旅游类 App 首页
	调整图像的色彩与明度		制作空调扇 Banner
	制作节气海报		制作美妆类图书封面
	制作旅游出行公众号封面首图		制作果汁饮料包装
	制作女装网店详情页主图		制作中式茶叶官网首页
	制作数码影视公众号封面首图		设计女包类 App 主页 Banner
第 9 章 图层的应用	制作家电网站首页 Banner		设计摄影类图书封面
	制作计算器图标		设计冰激凌包装
	制作化妆品网店详情页主图		设计中式茶叶官网详情页

扩展知识扫码阅读

设计基础

✔认识形体　　✔透视原理

✔认识设计　　✔认识构成

✔形式美法则　　✔点线面

✔基本型与骨骼　　✔认识色彩

✔认识图案　　✔图形创意

✔版式设计　　✔字体设计

设计应用

✔创意绘画　　✔图标设计

✔装饰设计　　✔VI设计

✔UI设计　　✔UI动效设计

✔标志设计　　✔包装设计

✔广告设计　　✔文创设计

✔网页设计　　✔H5页面设计

✔电商设计　　✔MG动画设计

✔网店美工设计　　✔新媒体美工设计

01 第 1 章
图像处理基础知识

本章介绍

　　本章主要介绍 Photoshop 图像处理的基础知识，包括位图、矢量图、分辨率、颜色模式和常用的图像文件格式等。通过本章的学习，学习者可以快速掌握这些基础知识，从而更快、更准确地处理图像。

学习目标

- ✔ 了解位图、矢量图和分辨率。
- ✔ 熟悉图像的不同颜色模式。
- ✔ 熟悉常用的图像文件格式。

技能目标

- ✔ 掌握位图和矢量图的分辨方法。
- ✔ 掌握颜色模式的转换。

素养目标

- ✔ 培养主动分析图像特征、结构和内容的意识。
- ✔ 培养能够有效执行计划并灵活改动方案的能力。
- ✔ 培养良好的视觉审美能力。

1.1 位图和矢量图

图像可以分为两大类：位图和矢量图。在绘图或处理图像的过程中，这两种类型的图像可以交叉使用。

1.1.1 位图

位图也叫点阵图，是由许多单独的小方块组成的，这些小方块称为像素。每个像素都有特定的位置和颜色值，位图的显示效果与像素是紧密联系在一起的，不同颜色的像素组合在一起构成了一幅色彩丰富的图像。像素越多，图像的分辨率越高，图像文件的数据量就越大。

一幅位图的原始效果如图1-1所示，使用缩放工具将其放大到一定程度后，可以清晰地看到像素，效果如图1-2所示。

图1-1　　　　　　　　　　　　　　　　　图1-2

位图与分辨率有关，如果在屏幕上以较大的倍数放大显示位图，或以低于创建时的分辨率打印位图，位图就会出现锯齿状的边缘，并且会丢失部分细节。

1.1.2 矢量图

矢量图也叫向量图，它是一种基于图形的几何特性来描述的图像。矢量图中的各种图形元素称为对象，每个对象都是独立的个体，都具有大小、颜色、形状和轮廓等属性。

矢量图与分辨率无关，随意调整矢量图的大小，其清晰度不变，也不会出现锯齿状的边缘。矢量图在任何分辨率下显示或打印，都不会丢失细节。一幅矢量图的原始效果如图1-3所示，使用缩放工具将其放大后，其清晰度不变，效果如图1-4所示。

图1-3　　　　　　　　　　　　　　　　　图1-4

矢量图的数据量较小，这种图像的缺点是无法像位图那样精确地展现各种绚丽的效果。

1.2 图像的分辨率

　　在 Photoshop 中，图像中每单位长度的像素数目称为图像的分辨率，其单位为"像素 / 英寸"或"像素 / 厘米"。

　　在尺寸相同的两幅图像中，高分辨率的图像包含的像素比低分辨率的图像包含的像素多。例如，一幅尺寸为 1 英寸 ×1 英寸的图像，其分辨率为 72 像素 / 英寸，那么这幅图像包含 5 184（72×72 = 5 184）个像素；同样尺寸，分辨率为 300 像素 / 英寸的图像包含 90 000 个像素。相同尺寸下，分辨率为 72 像素 / 英寸的图像效果如图 1-1 所示，分辨率为 10 像素 / 英寸的图像效果如图 1-5 所示。由此可见，在相同尺寸下，较高的分辨率更能清晰地表现图像内容。注：1 英寸 ≈ 2.54 厘米。

图 1-5

提示　如果一幅图像所包含的像素数量是固定的，那么增大图像尺寸会降低图像的分辨率。

1.3 图像的颜色模式

　　Photoshop 提供了多种颜色模式，这些颜色模式正是图像能够在屏幕和印刷品上成功表现的重要保障。在这些颜色模式中，经常用到的有 CMYK 模式、RGB 模式及灰度模式。另外，还有索引模式、Lab 模式、HSB 模式、位图模式、双色调模式和多通道模式等颜色模式。这些颜色模式都可以在模式菜单下找到，每种颜色模式都有不同的色域，并且各个颜色模式之间可以相互转换。下面将介绍常用的颜色模式。

1.3.1 CMYK 模式

　　CMYK 代表印刷用的 4 种油墨颜色：C 代表青色，M 代表洋红色，Y 代表黄色，K 代表黑色。CMYK 模式的"颜色"控制面板如图 1-6 所示。

　　CMYK 模式在印刷时应用了色彩学中的减法混合原理，即减色模式，是图片、插图和其他 Photoshop 作品常用的一种印刷方式。因为在印刷时通常要先进行四色分色，得到四色胶片，再进行印刷。

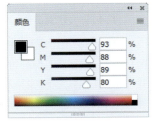

图 1-6

1.3.2 RGB 模式

　　与 CMYK 模式不同的是，RGB 模式是一种加色模式，通过将红色、绿色、蓝色 3 种色光叠加而形成更多的颜色。RGB 是色光的颜色模式，一幅 24bit（位）的 RGB 图像有 3 个颜色信息的通道：红色（R）、绿色（G）和蓝色（B）。RGB 模式的"颜色"控制面板如图 1-7 所示。

　　每个通道都有 8 bit 的颜色信息，即一个 0 ~ 255 的亮度值色域。也就是说，每一种颜色都有 256 个亮度水平级。3 种颜色相叠加，可以生成 256×256×256=16 777 216 种颜色。这么多种颜色足以表现绚丽多彩

图 1-7

的世界。

在 Photoshop 中编辑图像时，RGB 模式是较好的选择，因为它可以提供全屏幕的多达 24 bit 的颜色范围。一些计算机领域的色彩专家称之为"True Color"（真彩色）。

1.3.3　灰度模式

灰度图又叫 8 bit 深度图。每个像素用 8 个二进制位表示，能产生 2^8（256）级灰色调。当一个彩色模式文件被转换为灰度模式文件时，文件中所有的颜色信息都将丢失。尽管 Photoshop 允许将灰度模式文件转换为彩色模式文件，但不可能将原来的颜色完全还原。所以，当要将彩色图像转换为灰度图像时，应先做好图像的备份。

灰度模式的图像只有明暗值，没有色相和饱和度这两种颜色信息。灰度模式的"颜色"控制面板如图 1-8 所示，其中的 K 值表示黑色油墨用量，0% 代表白色，100% 代表黑色。

图1-8

提示　　从彩色模式转换为双色调（Duotone）模式或位图（Bitmap）模式时，必须先转换为灰度模式，再由灰度模式转换为双色调模式或位图模式。

1.4　常用的图像文件格式

用 Photoshop 制作或处理好一幅图像后，就要对图像进行存储。这时，选择一种合适的图像文件格式就显得十分重要。Photoshop 中有 20 多种图像文件格式可以选择。在这些图像文件格式中，既有 Photoshop 的专用文件格式，也有用于应用程序交换的文件格式，还有一些比较特殊的文件格式。下面介绍几种常用的图像文件格式。

1.4.1　PSD 格式和 PDD 格式

PSD 格式和 PDD 格式是 Photoshop 的专用文件格式，支持从线图到 CMYK 图像的所有图像类型。但由于一些图形图像处理软件不能很好地支持这两种格式，所以这两种格式的通用性不强。PSD 格式和 PDD 格式能够完整地保存图像的数据信息，如图层、蒙版、通道等使用 Photoshop 对图像进行特殊处理的信息。在没有最终决定图像存储的格式前，最好先以这两种格式存储。另外，Photoshop 打开和存储这两种格式的文件比其他格式快。但是这两种格式也有缺点，就是它们所存储的图像文件数据量大，占用的磁盘空间较多。

1.4.2　TIFF 格式

TIFF（Tag Image File Format，标签图像文件格式）格式是标签图像格式，是图形图像处理中比较通用的格式，具有很强的可移植性，可用于 PC、Mac 及 UNIX 工作站这三大平台，是这三大平台上使用最广泛的图像文件格式之一。

使用 TIFF 格式进行存储时应考虑文件的数据量，因为 TIFF 格式的结构比其他格式复杂。TIFF 格式支持 24 个通道，能存储多于 4 个通道的图像文件。可以使用 Photoshop 中的复杂工具和滤镜特效对 TIFF 格式的文件进行调整。TIFF 格式非常适合印刷和输出图像。

1.4.3　BMP 格式

BMP 是 Windows Bitmap 的简写。BMP 格式可以用于绝大多数 Windows 系统下的应用程序。

BMP 格式支持 RGB、索引颜色、灰度和位图颜色模式，这种格式的图像具有极为丰富的色彩。此格式一般在多媒体演示、视频输出等情况下使用，但不能在 macOS 下的应用程序中使用。在存储 BMP 格式的图像文件时，还可以进行无损压缩，这样能够节省磁盘空间。

1.4.4　GIF 格式

GIF（Graphics Interchange Format，图像交互格式）格式的图像文件数据量比较小，是一种压缩的 8 bit 图像文件。正因为这样，一般用这种格式的文件来缩短图像的加载时间。在网络中传输图像文件时，GIF 格式的图像文件的传输速度要比其他格式的图像文件快很多。

1.4.5　JPEG 格式

JPEG（Joint Photographic Experts Group，联合图像专家组）格式是 macOS 上常用的一种存储格式。JPEG 格式既是 Photoshop 支持的一种图像文件格式，也是一种压缩方案。JPEG 格式是压缩格式中的"佼佼者"。与 TIFF 格式采用的无损压缩相比，JPEG 格式的压缩比更大，但 JPEG 格式使用的有损压缩会丢失部分数据。用户可以在存储前选择图像的最终质量，从而控制数据的损失程度。

1.4.6　EPS 格式

EPS（Encapsulated Post Script）格式是 Illustrator 和 Photoshop 之间可交换的图像文件格式。在 Illustrator 软件中制作的流动曲线、简单图像和专业图像一般都存储为 EPS 格式。Photoshop 可以读取 EPS 格式的文件，也可以把其他图像文件存储为 EPS 格式文件，以便在排版类软件 PageMaker 和绘图类软件 Illustrator 等软件中使用。

1.4.7　选择合适的图像文件格式

图像文件格式可以根据工作任务的需要选择。下面是根据图像的不同用途推荐使用的图像文件格式。

印刷：TIFF、EPS。

Internet 图像：GIF、JPEG。

Photoshop 工作：PSD、PDD、TIFF。

02 第 2 章
初识 Photoshop

本章介绍

　　本章对 Photoshop 进行大致讲解。通过本章的学习，学习者可以对 Photoshop 的工作界面、基本操作与基本功能有一个大体的了解，从而可以在制作图像的过程中快速地定位并应用相应的知识点。

学习目标

- 熟悉软件的工作界面和熟练掌握图像文件的基本操作。
- 熟悉图像的显示效果。
- 掌握辅助线和颜色的设置方法。
- 熟练掌握图像尺寸和画布尺寸的调整方法。
- 掌握图层的基本操作。
- 熟练掌握恢复操作的使用。

技能目标

- 熟练掌握图像文件的新建、打开、保存和关闭的方法。
- 掌握图像显示效果的设置方法。
- 掌握标尺、参考线和网格的应用。
- 熟练掌握图像尺寸和画布尺寸的调整技巧。

素养目标

- 培养主动学习并合理制定学习计划的意识。
- 培养发现问题和分析问题的意识。
- 培养自主进行软件练习的意识。

2.1 工作界面的介绍

熟悉工作界面是学习 Photoshop 的基础，有助于初学者日后得心应手地使用 Photoshop。Photoshop 的工作界面主要由菜单栏、属性栏、工具箱、控制面板和状态栏组成，如图 2-1 所示。

菜单栏
属性栏
工具箱
状态栏
控制面板

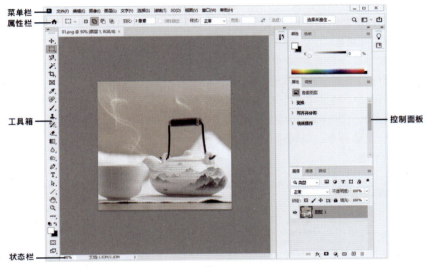

图 2-1

菜单栏：菜单栏包含 11 个菜单。利用各菜单中的命令可以完成编辑图像、调整色彩和添加滤镜效果等操作。

属性栏：属性栏是工具箱中各个工具的功能扩展。通过在属性栏中设置不同的选项，可以快速地完成多样化的操作。

工具箱：工具箱包含多个工具。利用不同的工具可以完成图像的绘制、观察和测量等操作。

控制面板：控制面板是 Photoshop 的重要组成部分。利用不同的控制面板，可以完成在图像中填充颜色、设置图层样式等操作。

状态栏：状态栏可以提供当前图像的显示比例、文档大小、当前使用的工具和暂存盘大小等提示信息。

2.1.1 菜单栏及其快捷方式

1. 菜单分类

Photoshop 的菜单栏包含文件、编辑、图像、图层、文字、选择、滤镜、3D、视图、窗口及帮助菜单，如图 2-2 所示。

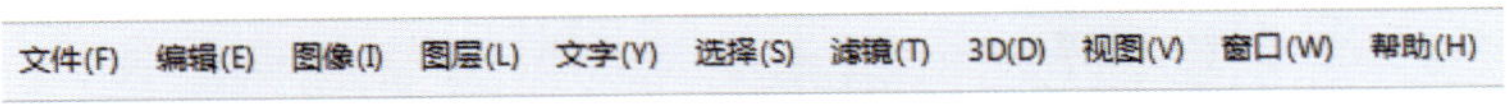
文件(F) 编辑(E) 图像(I) 图层(L) 文字(Y) 选择(S) 滤镜(T) 3D(D) 视图(V) 窗口(W) 帮助(H)

图 2-2

文件：包含新建、打开、存储、置入等用于操作文件的命令。

编辑：包含还原、剪切、复制、填充、描边等用于编辑文件的命令。

图像：包含修改颜色模式、调整图像颜色、改变图像大小等用于编辑图像的命令。

图层：包含新建、编辑和调整图层的命令。

文字：包含创建、编辑和调整文字的命令。

选择：包含创建、选取、修改、存储和载入选区的命令。

滤镜：包含对图像进行各种艺术化处理的命令。

3D：包含创建 3D 模型、编辑 3D 属性、调整纹理及编辑光线等命令。

视图：包含对图像视图的校样、显示和辅助信息的设置等命令。

窗口：包含排列、设置工作区及显示或隐藏控制面板的命令。

帮助：提供了各种帮助信息和技术支持。

2. 菜单命令的不同状态

子菜单：有些菜单命令包含相关的子菜单，包含子菜单的菜单命令右侧会显示黑色的三角形图标▶，选择带有该图标的菜单命令，就会显示其子菜单，如图 2-3 所示。

不可执行的菜单命令：当菜单命令不符合执行的条件时，就会显示为灰色，即处于不可执行状态。例如，在 CMYK 模式下，滤镜菜单中的部分菜单命令将变为灰色，不能使用。

可弹出对话框的菜单命令：当菜单命令后面显示"…"时，如图 2-4 所示，表示选择此菜单命令后会打开相应的对话框。

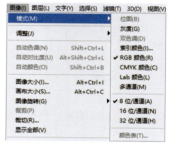

图 2-3

图 2-4

3. 显示或隐藏菜单命令

可以根据操作需要显示或隐藏指定的菜单命令。不经常使用的菜单命令可以暂时隐藏。选择"窗口 > 工作区 > 键盘快捷键和菜单"命令，弹出"键盘快捷键和菜单"对话框，如图 2-5 所示。

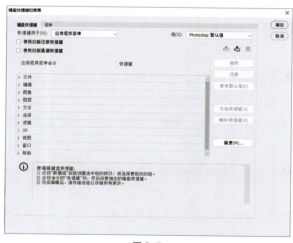

图 2-5

选择"菜单"选项卡，单击"应用程序菜单命令"栏中命令左侧的三角形图标❯，将展开详细的菜单命令，如图 2-6 所示。单击"可见性"栏中的眼睛图标 ，将对应的菜单命令隐藏，如图 2-7 所示。

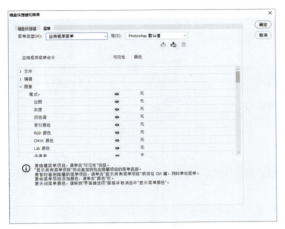
图 2-6

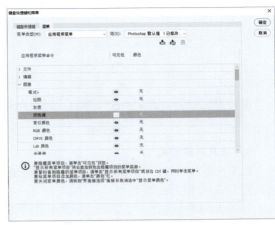
图 2-7

设置完成后，单击"存储对当前菜单组的所有更改"按钮 🖳，保存当前设置。也可单击"根据当前菜单组创建一个新组"按钮 🖳，将当前的修改创建为一个新组。隐藏菜单命令前后的"图像"菜单如图 2-8 和图 2-9 所示。

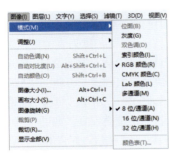
图 2-8

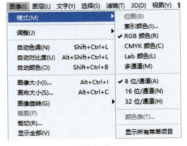
图 2-9

4. 突出显示菜单命令

为了突出显示需要的菜单命令，可以为其设置颜色。选择"窗口 > 工作区 > 键盘快捷键和菜单"命令，弹出"键盘快捷键和菜单"对话框，在要突出显示的菜单命令右侧单击"无"下拉按钮，在弹出的下拉列表中可以选择需要的颜色，如图 2-10 所示。可以为不同的菜单命令设置不同的颜色，如图 2-11 所示。设置好颜色后，菜单命令的效果如图 2-12 所示。

> **提示**
> 如果要暂时取消显示菜单命令的颜色，可以选择"编辑 > 首选项 > 界面"命令，在弹出的对话框中取消勾选"显示菜单颜色"复选框。

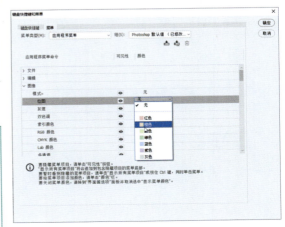
图 2-10

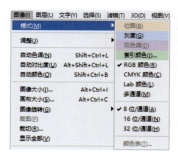

图 2-11   图 2-12

5．键盘快捷方式

当要选择命令时，可以使用菜单命令旁标注的键盘快捷方式。例如，要选择"文件 > 打开"命令，直接按 Ctrl+O 组合键即可。

按住 Alt 键的同时，按菜单栏中菜单名称旁边带括号的字母键，可以打开相应的菜单，再按菜单命令旁边带括号的字母键即可选择相应的命令。例如，要打开"选择"菜单，按 Alt+S 组合键即可，要想选择其中的"色彩范围"命令，再按 C 键即可。

为了更方便地使用常用的命令，Photoshop 提供了自定义键盘快捷方式和保存键盘快捷方式的功能。

选择"窗口 > 工作区 > 键盘快捷键和菜单"命令，弹出"键盘快捷键和菜单"对话框，选择"键盘快捷键"选项卡，如图 2-13 所示。对话框下面的信息栏中说明了快捷键的设置方法。在"快捷键用于"下拉列表中可以选择需要设置快捷键的菜单或工具，在"组"下拉列表中可以选择要设置快捷键的组合，再在下面的设置区域选择需要设置的命令或工具进行设置，如图 2-14 所示。

设置新的快捷键后，单击对话框右上方的"根据当前的快捷键组创建一组新的快捷键"按钮，弹出"另存为"对话框，在"文件名"文本框中输入名称，如图 2-15 所示。单击"保存"按钮即可存储新的快捷键设置。这时，在"组"下拉列表中可以选择新的快捷键设置，如图 2-16 所示。

更改快捷键设置后，需要单击"存储对当前快捷键组的所有更改"按钮对设置进行存储，单击"确定"按钮，应用更改的快捷键设置。要将快捷键的设置删除，可以在对话框中单击"删除当前的快捷键组合"按钮，删除后 Photoshop 会自动还原为默认设置。

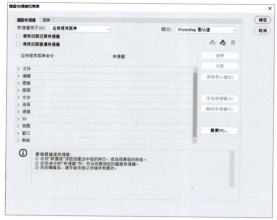

图 2-13   图 2-14

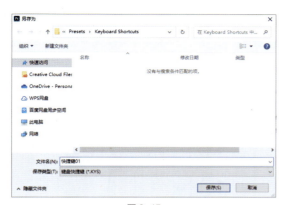

图 2-15

图 2-16

提示

在为控制面板或菜单命令定义快捷键时，这些快捷键必须包括 Ctrl 键或一个功能键；
在为工具箱中的工具定义快捷键时，必须使用字母 A ～ Z。

2.1.2　工具箱

Photoshop 的工具箱包括选择工具、绘图工具、填充工具、编辑工具、颜色选择工具、屏幕视图工具和快速蒙版工具等，如图 2-17 所示。想要了解每个工具的具体用法、名称和功能，可以将鼠标指针放置在具体工具上，此时会出现一个演示框，其中会显示该工具的具体用法、名称和功能，如图 2-18 所示。工具名称后面括号中的字母代表选择此工具的快捷键，只要在键盘上按该字母键，就可以快速切换到相应的工具。

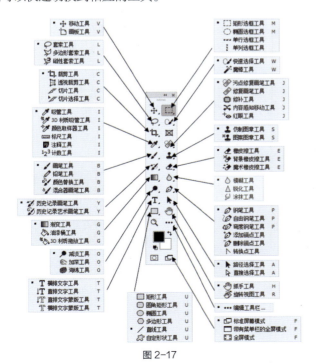

图 2-17

图 2-18

Photoshop 的工具箱可以根据需要在单栏显示与双栏显示之间自由切换。当工具箱显示为单栏时，如图 2-19 所示，单击工具箱上方的双箭头图标 ，即可将工具箱转换为双栏显示，如图 2-20 所示。

图 2-19　　　　　　　　　　　　　　　　图 2-20

显示隐藏的工具：在工具箱中，部分工具图标的右下方有一个黑色的小三角形图标 ，表示该工具下还有隐藏的工具，在工具箱中有小三角形图标的工具图标上按住鼠标左键不放，即可显示隐藏的工具，如图 2-21 所示。

恢复工具的默认设置：要想恢复工具默认的设置，可以先选择该工具，在其属性栏中用鼠标右键单击工具图标，在弹出的快捷菜单中选择"复位工具"命令，如图 2-22 所示。

图 2-21　　　　　　　　　　　　　　　　图 2-22

鼠标指针的显示状态：当选择工具箱中的工具后，鼠标指针就会变为工具图标。例如，选择"裁剪工具" 后，图像窗口中的鼠标指针显示为裁剪工具的图标，如图 2-23 所示。选择"画笔工具" 后，鼠标指针显示为画笔工具的图标，如图 2-24 所示。按 Caps Lock 键，鼠标指针切换为精确的十字形图标，如图 2-25 所示。

图 2-23　　　　　　　　　图 2-24　　　　　　　　　图 2-25

2.1.3　属性栏

选择某个工具后，会出现相应的工具属性栏，可以通过属性栏对工具进行进一步的设置。例如，选择"魔棒工具"后，工作界面的上方会出现相应的魔棒工具属性栏，可以通过属性栏中的各个选项对工具做进一步的设置，如图 2-26 所示。

图 2-26

2.1.4 状态栏

打开一幅图像时，工作界面的下方会出现该图像的状态栏，如图 2-27 所示。状态栏的左侧显示当前图像的显示比例。在显示比例区的文本框中输入数值，可改变图像的显示比例。

状态栏的中间部分显示当前图像的文档信息，单击三角形图标，在弹出的菜单中可以选择显示当前图像的相关信息，如图 2-28 所示。

图 2-27   图 2-28

2.1.5 控制面板

控制面板是处理图像时不可或缺的一部分。Photoshop 为用户提供了多个控制面板组。

可以根据需要收缩或展开控制面板。控制面板的展开状态如图 2-29 所示。单击控制面板上方的双箭头图标，可以收缩控制面板，如图 2-30 所示。如果要展开某个控制面板，可以直接单击其标签，相应的控制面板会自动弹出来，如图 2-31 所示。

拆分控制面板：选中某个控制面板的选项卡并向控制面板组外拖曳，如图 2-32 所示，选中的控制面板将被单独地拆分出来，如图 2-33 所示。

图 2-29

图 2-30

图 2-31

图 2-32

图 2-33

　　组合控制面板：可以根据需要将两个或多个控制面板组合到一个控制面板组中，这样可以扩大可操作的空间。要组合控制面板，可以选中外部控制面板的选项卡，将其拖曳到要组合的控制面板组中，控制面板组周围出现蓝色的边框，如图 2-34 所示；此时释放鼠标左键，控制面板将被组合到控制面板组中，如图 2-35 所示。

　　控制面板弹出式菜单：单击控制面板右上方的 ≡ 图标，会弹出控制面板的相关命令，如图 2-36 所示。这些命令可以增强控制面板的功能性。

图 2-34

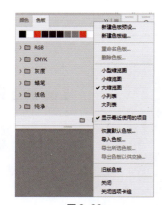

图 2-35

图 2-36

　　隐藏与显示控制面板：按 Tab 键可以隐藏工具箱和控制面板，再次按 Tab 键可以显示出隐藏的部分；按 Shift+Tab 组合键可以隐藏控制面板，再次按 Shift+Tab 组合键，可以显示出隐藏的部分。

> **提示**
>
> 按 F5 键可以显示或隐藏"画笔设置"控制面板，按 F6 键可以显示或隐藏"颜色"控制面板，按 F7 键可以显示或隐藏"图层"控制面板，按 F8 键可以显示或隐藏"信息"控制面板，按 Alt+F9 组合键可以显示或隐藏"动作"控制面板。

自定义工作区：可以依据操作习惯自定义工作区，设计出个性化的 Photoshop 工作界面。

设置完工作区后，选择"窗口 > 工作区 > 新建工作区"命令，弹出"新建工作区"对话框，如图 2-37 所示。输入工作区名称，单击"存储"按钮，即可将自定义的工作区进行存储。

如果要使用自定义工作区，可以在"窗口 > 工作区"的子菜单中选择自定义工作区的名称。如果要使用 Photoshop 默认的工作区，可以选择"窗口 > 工作区 > 复位基本功能"命令。选择"窗口 > 工作区 > 删除工作区"命令，可以删除自定义的工作区。

图 2-37

2.2　图像文件的基本操作

掌握文件的基本操作方法是设计和制作作品的基本前提。下面具体介绍 Photoshop 中图像文件的基本操作方法。

2.2.1　新建图像文件

新建图像文件是使用 Photoshop 进行设计的第一步。如果要在一个空白的图像上绘图，就需要先在 Photoshop 中新建一个图像文件。

选择"文件 > 新建"命令，或按 Ctrl+N 组合键，弹出"新建文档"对话框，如图 2-38 所示。

图 2-38

根据需要单击上方的类别选项卡，选择需要的预设；或在右侧修改名称、宽度、高度、分辨率和颜色模式等预设详细信息，单击名称右侧的 ⬇ 按钮新建预设。设置完成后单击"创建"按钮，即可新建图像文件，如图 2-39 所示。

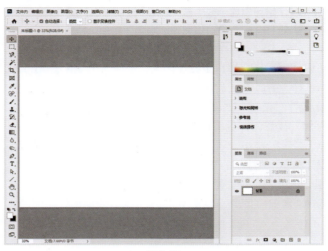

图 2-39

2.2.2　打开图像文件

如果要对照片或图片进行修改和处理，就要在 Photoshop 中打开相应的图像文件。

选择"文件 > 打开"命令，或按 Ctrl+O 组合键，弹出"打开"对话框，在对话框中搜索路径和文件，确认文件类型和名称，如图 2-40 所示。单击"打开"按钮，或直接双击文件，即可打开指定的图像文件，如图 2-41 所示。

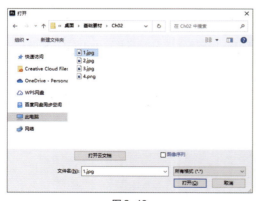

图 2-40

图 2-41

在"打开"对话框中，也可以一次性打开多个图像文件，方法为：在文件列表中将所需的多个图像文件选中，并单击"打开"按钮。在"打开"对话框中，按住 Ctrl 键的同时单击图像文件，可以选择不连续的多个图像文件；按住 Shift 键的同时单击图像文件，可以选择连续的多个图像文件。

2.2.3 保存图像文件

编辑和制作完图像后，就需要将图像文件保存，以便下次打开继续操作。

选择"文件 > 存储"命令，或按 Ctrl+S 组合键，可以存储图像文件。当设计好的作品进行第一次存储时，选择"文件 > 存储"命令，将弹出"保存在您的计算机上或保存到云文档"对话框。单击"保存到云文档"按钮，可以将图像文件保存到云文档中；单击"保存在您的计算机上"按钮，将弹出"另存为"对话框，如图 2-42 所示，在该对话框中输入文件名并选择保存类型后，单击"保存"按钮，即可将图像文件保存到计算机上。

图 2-42

 提示

当对已经存储过的图像文件进行各种编辑操作后，选择"文件 > 存储"命令，不会弹出"另存为"对话框，计算机将直接保存编辑后的图像文件，并覆盖原始图像文件。

2.2.4 关闭图像文件

存储图像文件后，可以将其关闭。选择"文件 > 关闭"命令，或按 Ctrl+W 组合键，可以关闭图像文件。关闭图像文件时，若当前修改未存储，则会弹出提示对话框，如图 2-43 所示。单击"是"按钮可存储修改并关闭图像文件；单击"否"按钮，不存储修改并关闭图像文件；单击"取消"按钮，取消操作。

图 2-43

2.3 图像的显示效果

使用 Photoshop 编辑和处理图像时，可以通过改变图像的显示比例，使操作更便捷、高效。

2.3.1 100% 显示图像

100% 显示图像的效果如图 2-44 所示，在此状态下可以对图像进行精确编辑。

图 2-44

2.3.2　放大显示图像

选择"缩放工具"🔍，图像窗口中鼠标指针变为放大图标🔍，每单击一次，图像就会放大一些。当图像以 100% 的比例显示时，在图像窗口中再单击一次，图像就会以 200% 的比例显示，效果如图 2-45 所示。

当要放大一个指定的区域时，在此区域按住鼠标左键不放，选中的区域会放大，放大到需要的大小后释放鼠标左键。取消勾选"细微缩放"复选框，可以在图像上框选出矩形选区，如图 2-46 所示，从而将选中的区域放大，如图 2-47 所示。

图 2-45

也可以采用按 Ctrl+ +组合键的方式，逐渐放大图像。例如，从 100% 的显示比例调到 200%、300%、400%。

图 2-46

图 2-47

2.3.3　缩小显示图像

缩小显示图像，不但可以用有限的屏幕空间显示更多的图像，而且可以看到一个图像的全貌。

选择"缩放工具"🔍，图像窗口中鼠标指针变为放大图标🔍，按住 Alt 键不放，鼠标指针变为缩小图标🔍。每单击一次，图像就会缩小一些。缩小前图像效果如图 2-48 所示。按 Ctrl+- 组合键，可逐渐缩小图像，如图 2-49 所示。

图 2-48

图 2-49

还可在缩放工具属性栏中单击"缩小"按钮🔍，如图 2-50 所示，鼠标指针变为缩小图标🔍，每单击一次，图像就会缩小一些。

图 2-50

2.3.4　全屏显示图像

若要将图像放大到填满左右两侧，可以在缩放工具属性栏中单击"适合屏幕"按钮，再勾选"调整窗口大小以满屏显示"复选框，如图 2-51 所示。这样在放大图像时，图像就会适应屏幕的尺寸，效果如图 2-52 所示。单击"100%"按钮，图像将以实际像素比例显示。单击"填充屏幕"按钮，将缩放图像以适合屏幕。

图 2-51

图 2-52

2.3.5　图像窗口的显示

当打开多个图像文件时，会出现多个图像窗口，这就需要对这些图像窗口进行布置。

同时打开多幅图像，如图 2-53 所示。按 Tab 键，隐藏工作界面中的工具箱和控制面板，如图 2-54 所示。

图 2-53

图 2-54

选择"窗口 > 排列 > 全部垂直拼贴"命令，图像窗口的排列效果如图 2-55 所示。选择"窗口 > 排列 > 全部水平拼贴"命令，图像窗口的排列效果如图 2-56 所示。

图 2-55

图 2-56

选择"窗口 > 排列 > 双联水平"命令，图像窗口的排列效果如图 2-57 所示。选择"窗口 > 排列 > 双联垂直"命令，图像窗口的排列效果如图 2-58 所示。

图 2-57

图 2-58

选择"窗口 > 排列 > 三联水平"命令，图像窗口的排列效果如图 2-59 所示。选择"窗口 > 排列 > 三联垂直"命令，图像窗口的排列效果如图 2-60 所示。

图 2-59

图 2-60

选择"窗口 > 排列 > 三联堆积"命令，图像窗口的排列效果如图 2-61 所示。选择"窗口 > 排列 > 四联"命令，图像窗口的排列效果如图 2-62 所示。

图 2-61

图 2-62

选择"窗口 > 排列 > 将所有内容合并到选项卡中"命令，图像窗口的排列效果如图 2-63 所示。选择"窗口 > 排列 > 在窗口中浮动"命令，图像窗口的排列效果如图 2-64 所示。

图 2-63

图 2-64

选择"窗口 > 排列 > 使所有内容在窗口中浮动"命令，图像窗口的排列效果如图 2-65 所示。选择"窗口 > 排列 > 层叠"命令，图像窗口的排列效果与图 2-65 所示相同。选择"窗口 > 排列 > 平铺"命令，图像窗口的排列效果如图 2-66 所示。

图 2-65

图 2-66

使用"匹配缩放"命令可以将所有图像窗口都匹配到与当前图像窗口相同的缩放比例。将"01"素材图片放大到 130% 显示，如图 2-67 所示，再选择"窗口 > 排列 > 匹配缩放"命令，所有图像窗口都将以 130% 的缩放比例显示图像，如图 2-68 所示。

图 2-67 图 2-68

使用"匹配位置"命令可以将所有图像窗口都匹配到与当前图像窗口相同的显示位置。调整"04"素材图片的显示位置，如图 2-69 所示，选择"窗口 > 排列 > 匹配位置"命令，所有图像窗口中的图像都将显示相同的位置，如图 2-70 所示。

图 2-69 图 2-70

使用"匹配旋转"命令可以将所有图像窗口都匹配到与当前图像窗口相同的视图旋转角度。在工具箱中选择"旋转视图工具" ，将"02"素材图片的视图旋转，如图 2-71 所示，再选择"窗口 > 排列 > 匹配旋转"命令，所有图像窗口中的图像都将以相同的角度旋转，如图 2-72 所示。

图 2-71 图 2-72

"全部匹配"命令用于将所有图像窗口的缩放比例、图像显示位置、视图旋转角度与当前图像窗口进行匹配。

2.3.6　观察放大的图像

选择"抓手工具" ，图像窗口中鼠标指针变为 形状，按住鼠标左键拖曳图像可以观察图像的每个部分，效果如图 2-73 所示。直接拖曳图像周围的垂直滚动条和水平滚动条，也可观察图像的每个部分，效果如图 2-74 所示。如果正在使用其他的工具进行操作，那么按住空格键，可以快速切换到"抓手工具" 。

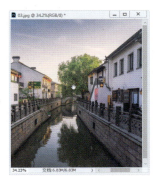

图 2-73

图 2-74

2.4　标尺、参考线和网格线的设置

设置标尺、参考线和网格线可以使图像的处理更加精确。实际设计任务中遇到的许多问题都需要使用标尺、参考线和网格线来帮忙解决。

2.4.1　标尺的设置

打开一幅图像。选择"编辑 > 首选项 > 单位与标尺"命令，弹出相应的对话框，如图 2-75 所示，在该对话框中可以对相关选项进行设置。

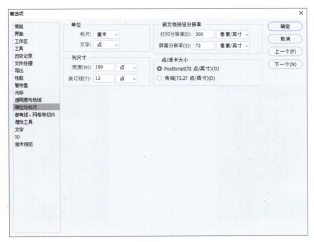

图 2-75

单位：用于设置标尺和文字的显示单位，有不同的显示单位可以选择。新文档预设分辨率：用于设置新建文档的预设分辨率。列尺寸：用于设置导入排版软件的图像所占据的列宽度和装订线的尺寸。点 / 派卡大小：用于设置与输出有关的参数。

选择"视图 > 标尺"命令，可以将标尺显示或隐藏，如图 2-76 和图 2-77 所示。

图 2-76　　　　　　　　　　　　　　　　图 2-77

将鼠标指针放在标尺的 x 轴和 y 轴的 0 点处，如图 2-78 所示。按住鼠标左键不放，向右下方拖曳鼠标到适当的位置，如图 2-79 所示。释放鼠标左键，标尺的 x 轴和 y 轴的 0 点就在此时鼠标指针所在的位置，如图 2-80 所示。

 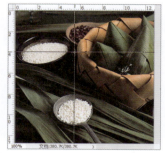 

图 2-78　　　　　　　　　图 2-79　　　　　　　　　图 2-80

2.4.2　参考线的设置

设置参考线：将鼠标指针放在水平标尺上，按住鼠标左键不放，向下拖曳出水平的参考线，如图 2-81 所示；将鼠标指针放在垂直标尺上，按住鼠标左键不放，向右拖曳出垂直的参考线，如图 2-82 所示。

图 2-81　　　　　　　　　　　　　　　　图 2-82

显示或隐藏参考线：选择"视图 > 显示 > 参考线"命令，可以显示或隐藏参考线，此命令只有存在参考线时才能使用。

移动参考线：选择"移动工具" ⊕，将鼠标指针放在参考线上，鼠标指针变为 ⇕ 形状时，按住鼠标左键拖曳，可以移动参考线。

新建、锁定、清除参考线：选择"视图 > 新建参考线"命令，弹出"新建参考线"对话框，如图 2-83 所示，设置选项后单击"确定"按钮，图像窗口中将出现新建的参考线。选择"视图 > 锁定参考线"命令或按 Alt+Ctrl+；组合键，可以将参考线锁定，参考线被锁定后将不能移动。选择"视图 > 清除参考线"命令，可以将参考线清除。

图 2-83

2.4.3 网格线的设置

选择"编辑 > 首选项 > 参考线、网格和切片"命令，弹出相应的对话框，如图 2-84 所示。

参考线：用于设定参考线的颜色和样式。网格：用于设定网格的颜色、样式、网格线间隔和子网格等。切片：用于设定切片的颜色和显示切片的编号。路径：用于设定路径的颜色和粗细。控件：用于设定控件的颜色。

选择"视图 > 显示 > 网格"命令，可以显示或隐藏网格，如图 2-85 和图 2-86 所示。

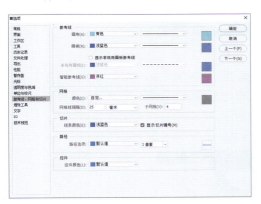

图 2-84

图 2-85

图 2-86

> **提示**
>
> 按 Ctrl+R 组合键可以显示或隐藏标尺，按 Ctrl+；组合键可以显示或隐藏参考线，
> 按 Ctrl+' 组合键可以显示或隐藏网格。

2.5 图像尺寸和画布尺寸的调整

根据图像制作过程中不同的需求，可以随时调整图像和画布的尺寸。

2.5.1 图像尺寸的调整

打开一幅图像。选择"图像 > 图像大小"命令，弹出"图像大小"对话框，如图 2-87 所示。

图像大小：改变"宽度""高度""分辨率"选项的数值，可以改变图像的文档大小，图像的尺寸也会相应改变。

缩放样式　：单击此按钮，在弹出的下拉列表中选择"缩放样式"选项后，若在编辑图像的过程中添加了图层样式，则会在调整图像尺寸时自动缩放样式。

尺寸：显示图像的宽度和高度，单击　按钮，可以改变计量单位。

调整为：选择预设以调整图像尺寸。

约束比例　：激活"宽度"和"高度"选项左侧的锁链图标　后，改变其中一项数值，另一项数值会成比例地同时改变。

分辨率：位图中的细节精细度，计量单位是像素 / 英寸（ppi）；每英寸的像素越多，分辨率越高。

重新采样：不勾选此复选框，"尺寸"的数值将不会改变，"宽度""高度""分辨率"选项左侧将出现锁链图标　，如图 2-88 所示，激活该图标后，改变其中一项数值，另外两项数值会相应改变。

图 2-87　　　　　　　　　　　　　　　　　图 2-88

在"图像大小"对话框中可以改变选项数值的计量单位，方法为在选项右侧的下拉列表中进行选择，如图 2-89 所示。在"调整为"下拉列表中选择"自动分辨率"选项，弹出"自动分辨率"对话框，系统将自动调整图像的分辨率和品质，如图 2-90 所示。

图 2-89　　　　　　　　　　　　　　　　　图 2-90

2.5.2　画布尺寸的调整

画布尺寸是指当前图像周围的工作空间的大小。选择"图像 > 画布大小"命令，弹出"画布大小"对话框，如图 2-91 所示。

当前大小：显示的是当前尺寸。

新建大小：用于重新设定画布的尺寸。

定位：用于调整图像在画布中的位置，可偏左、居中或在右上角等，如图 2-92 所示。

不同的定位的效果如图 2-93 所示。

图 2-91

图 2-92

偏左

居中

右上角

图 2-93

画布扩展颜色：用于设置填充图像周围扩展部分的颜色，在此下拉列表中可以选择前景色、背景色或 Photoshop 中的默认颜色，也可以自定义所需颜色。

在"画布大小"对话框中进行设置，如图 2-94 所示，单击"确定"按钮，效果如图 2-95 所示。

图 2-94

图 2-95

2.6 图像的移动

打开一幅图像。选择"磁性套索工具" ，在要移动的区域绘制选区，如图 2-96 所示。选择"移动工具" ，将鼠标指针放在选区中，鼠标指针变为 图标，如图 2-97 所示。拖曳鼠标，移动选区内的图像，原来的选区位置被背景色填充，效果如图 2-98 所示。按 Ctrl+D 组合键，取消选区。

图 2-96

图 2-97

图 2-98

再打开一幅图像。将上面选区中的图像拖曳到这幅打开的图像中，鼠标指针变为 图标，如图 2-99 所示，释放鼠标左键，选区中的图像被移动到相应的图像窗口中，效果如图 2-100 所示。

图 2-99

图 2-100

2.7 颜色的设置

在 Photoshop 中可以使用"拾色器"对话框、"颜色"控制面板和"色板"控制面板对颜色进行设置。

2.7.1 使用"拾色器"对话框设置颜色

单击工具箱中的"设置前景色 / 设置背景色"图标█，弹出"拾色器"对话框，在色带上单击或拖曳两侧的三角形滑块，如图 2-101 所示，可以使颜色的色相发生变化。

左侧的颜色选择区：可以选择颜色的明度和饱和度，垂直方向表示的是明度的变化，水平方向表示的是饱和度的变化。

中间上方的颜色框：显示所选颜色，下方是所选颜色的 HSB 值、RGB 值、Lab 值和 CMYK 值，选择好颜色后，单击"确定"按钮，所选颜色将变为工具箱中的前景色或背景色。

右下方的数值框：可以输入 HSB、RGB、Lab、CMYK 的颜色值，以得到希望的颜色。

只有 Web 颜色：勾选此复选框，颜色选择区中将出现供网页使用的颜色，如图 2-102 所示，右下方的数值框 # 000000 中显示的是网页颜色的数值。

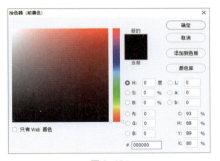
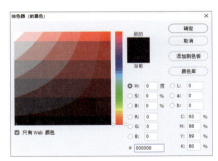

图 2-101　　　　　　　　　　　　图 2-102

在"拾色器"对话框中单击"颜色库"按钮，弹出"颜色库"对话框，如图 2-103 所示。在该对话框中，"色库"下拉列表中是一些常用的印刷颜色体系，如图 2-104 所示，其中"TRUMATCH"是为印刷设计提供服务的印刷颜色体系。

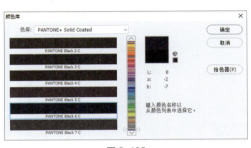
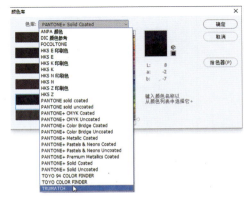

图 2-103　　　　　　　　　　　　图 2-104

在"颜色库"对话框中，单击或拖曳色带两侧的三角形滑块，可以使颜色的色相产生变化，在颜色选择区中选择带有编码的颜色，颜色框中会显示所选颜色，颜色框下方是所选颜色的色值。

2.7.2　使用"颜色"控制面板设置颜色

选择"窗口 > 颜色"命令，弹出"颜色"控制面板，如图 2-105 所示，在该控制面板中可以改变前景色和背景色。

单击左侧的"设置前景色 / 设置背景色"图标■，确定所调整的是前景色还是背景色，拖曳滑块或在色带中选择所需要的颜色，或直接在颜色的数值框中输入数值调整颜色。

单击"颜色"控制面板右上方的 ≡ 图标，弹出面板菜单，如图 2-106 所示，此菜单用于设定"颜色"控制面板中显示的颜色模式，可以在不同的颜色模式中调整颜色。

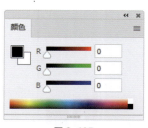

图 2-105

图 2-106

2.7.3　使用"色板"控制面板设置颜色

选择"窗口 > 色板"命令，弹出"色板"控制面板，如图 2-107 所示，可以选择一种颜色来改变前景色或背景色。单击"色板"控制面板右上方的 ≡ 图标，弹出面板菜单，如图 2-108 所示。

图 2-107

图 2-108

新建色板预设：用于新建一个色板。新建色板组：用于新建一个色板组。重命名色板：用于重命名色板。删除色板：用于删除色板。小型缩览图：可使控制面板显示最小型图标。小 / 大缩览图：可使控制面板显示小 / 大图标。小 / 大列表：可使控制面板显示小 / 大列表。显示最近使用的项目：用于显示最近使用的颜色。恢复默认色板：用于恢复到系统的初始设置状态。导入色板：用于向"色板"控制面板中增加色板文件。导出所选色板：用于将当前"色板"控制面板中的色板文件存入硬盘。

导出色板以供交换：用于将当前"色板"控制面板中的色板文件存入硬盘并供交换使用。旧版色板：用于使用旧版的色板。

在"色板"控制面板中，单击"创建新色板"按钮 ▣，如图 2-109 所示，弹出"色板名称"对话框，如图 2-110 所示，单击"确定"按钮，即可将当前的前景色添加到"色板"控制面板中，如图 2-111 所示。

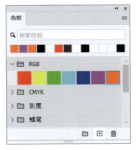

图 2-109   图 2-110   图 2-111

在"色板"控制面板中，将鼠标指针移到色板上，鼠标指针变为吸管形状 ，此时单击将吸取的颜色设置为前景色。

2.8 图层的基本操作

使用图层可在不影响图像中其他图像元素的情况下处理某一图像元素。可以将图层想象成一张张叠起来的硫酸纸，透过图层的透明区域可以看到下面的图层。更改图层的顺序和属性可以改变图像的合成效果。图 2-112 所示图像效果的图层原理图如图 2-113 所示。

图 2-112   图 2-113

2.8.1 "图层"控制面板

"图层"控制面板列出了图像中的所有图层、组和图层效果，如图 2-114 所示。可以使用"图层"控制面板来搜索图层、显示和隐藏图层、创建新图层及处理图层组。还可以在"图层"控制面板的面板菜单中设置其他选项。

图层搜索功能 🔍 类型 ：在该下拉列表中可以选择 9 种不同的搜索方式，下面分别介绍。类型：通过单击"像素图层过滤器"按钮 ▣、"调整图层过滤器"按钮 ◑、"文字图层过滤器"按钮 T、"形状图层过滤器"按钮 ▯ 和"智能对象过滤器"按钮 ▣ 来搜索需要的图层类型。名称：通过在右侧的文本框中输入图层名称来搜索图层。效果：通过图层应用的图层样式来搜索图层。模式：通过图层设定的混合模式来搜索图层。属性：通过图层的可见性、锁定、链接、混合和蒙版等属性来搜索图层。颜色：通过不同的图层颜色来搜索图层。智能对象：通过图层中不同智能对象的链接方式来搜索图层。选定：通过选定的图层来搜索图层。画板：通过画板来搜索图层。

图 2-114

图层的混合模式 正常 ：用于设定图层的混合模式，共包含 27 种混合模式。

不透明度：用于设定图层的不透明度。

填充：用于设定图层的填充百分比。

眼睛图标 ◉：用于显示或隐藏图层中的内容。

锁链图标 ⊖：表示图层与图层之间的链接关系。

图标 T：表示此图层为可编辑的文字图层。

图标 fx：表示图层添加了样式。

"图层"控制面板的上方有 5 个工具按钮，如图 2-115 所示。

锁定：图 2-115

"锁定透明像素"按钮 ▥：用于锁定当前图层中的透明区域，使透明区域不能被编辑。

"锁定图像像素"按钮 ✎：使当前图层和透明区域不能被编辑。

"锁定位置"按钮 ✛：使当前图层不能被移动。

"防止在画板和画框内外自动嵌套"按钮 ▣：锁定画板在画布上的位置，防止在画板内部或外部自动嵌套。

"锁定全部"按钮 ▤：使当前图层或序列完全被锁定。

"图层"控制面板的下方有 7 个工具按钮，如图 2-116 所示。

图 2-116

"链接图层"按钮 ⊖：使所选图层和当前图层成为一组，当对一个链接图层进行操作时，将影响同一组的链接图层。

"添加图层样式"按钮 fx：为当前图层添加图层样式效果。

"添加图层蒙版"按钮 ▣：在当前图层上创建一个蒙版。在图层蒙版中，黑色代表隐藏图像，白色代表显示图像。可以使用画笔等绘图工具绘制蒙版，还可以将蒙版转换成选区。

"创建新的填充或调整图层"按钮 ◑：对图层进行颜色填充和效果调整。

"创建新组"按钮 ▭：新建一个文件夹，可在其中放入图层。

"创建新图层"按钮 ▣：在当前图层的上方创建一个新图层。

"删除图层"按钮 ▥：可以将不需要的图层拖曳到此按钮上进行删除，或者选中需要删除的图层后单击此按钮将其删除。

2.8.2　面板菜单

单击"图层"控制面板右上方的 ≡ 图标，弹出面板菜单，如图 2-117 所示。

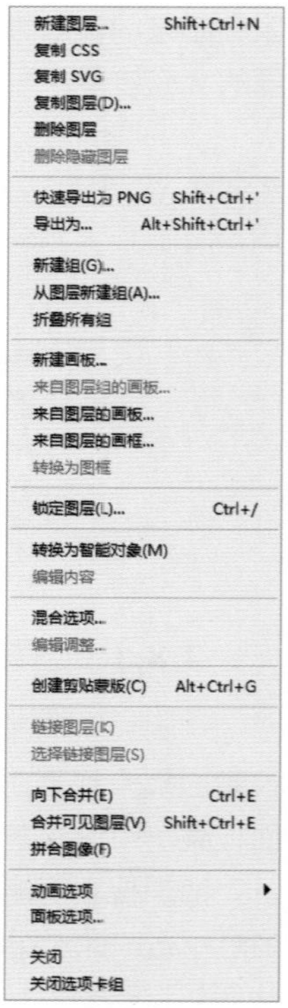

2.8.3　新建图层

使用"图层"控制面板的面板菜单新建图层：单击"图层"控制面板右上方的 ≡ 图标，弹出面板菜单，选择"新建图层"命令，弹出"新建图层"对话框，如图 2-118 所示，完成相关设置后单击"确定"按钮即可。

图 2-117

名称：用于设定新图层的名称，可以勾选"使用前一图层创建剪贴蒙版"复选框。颜色：用于设定新图层的颜色。模式：用于设定当前图层的合成模式。不透明度：用于设定当前图层的不透明度。

图 2-118

使用"图层"控制面板中的按钮或快捷键新建图层：单击"图层"控制面板下方的"创建新图层"按钮 ▫，可以创建一个新图层；按住 Alt 键的同时，单击"创建新图层"按钮 ▫，将弹出"新建图层"对话框，完成相关设置后单击"确定"按钮即可创建一个新图层。

使用菜单命令或快捷键新建图层：选择"图层 > 新建 > 图层"命令，或按 Shift+Ctrl+N 组合键，弹出"新建图层"对话框，完成相关设置后单击"确定"按钮即可创建一个新图层。

2.8.4　复制图层

使用"图层"控制面板的面板菜单复制图层：单击"图层"控制面板右上方的 ≡ 图标，弹出面板菜单，选择"复制图层"命令，弹出"复制图层"对话框，如图 2-119 所示，完成相关设置后单击"确定"按钮即可。

图 2-119

为：用于设定复制图层的名称。文档：用于设定复制图层的文件来源。

使用"图层"控制面板中的按钮复制图层：将需要复制的图层拖曳到控制面板下方的"创建新图层"按钮 ▫ 上，可以根据所选的图层复制出一个新图层。

使用菜单命令复制图层：选择"图层 > 复制图层"命令，弹出"复制图层"对话框，完成相关设置后单击"确定"按钮即可复制图层。

使用拖曳鼠标的方法复制不同图像之间的图层：打开目标图像和需要复制的图像，将需要复制的图像中的图层直接拖曳到目标图像的图层中，图层复制完成。

2.8.5　删除图层

使用"图层"控制面板的面板菜单删除图层：单击"图层"控制面板右上方的 ≡ 图标，弹出面板菜单，选择"删除图层"命令，弹出提示对话框，如图 2-120 所示，单击"是"按钮，删除图层。

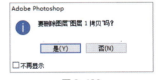

图 2-120

使用"图层"控制面板中的按钮删除图层：选中要删除的图层，单击"图层"控制面板下方的"删除图层"按钮 🗑，即可删除图层；也可以将需要删除的图层直接拖曳到"删除图层"按钮 🗑 上进行删除。

使用菜单命令删除图层：选择"图层 > 删除 > 图层"命令，即可删除图层。

2.8.6　图层的显示和隐藏

单击"图层"控制面板中任意图层左侧的眼睛图标 👁，可以隐藏或显示这个图层。

按住 Alt 键的同时，单击"图层"控制面板中任意图层左侧的眼睛图标 👁，此时，图层控制面板中将只显示这个图层，其他图层被隐藏。

2.8.7　图层的选择、链接和排列

选择图层：单击"图层"控制面板中的任意一个图层，可以选择这个图层。

选择"移动工具" ⊕ ，用鼠标右键单击图像窗口中的图像，弹出一组图层选项，选择需要的图层即可。

链接图层：当要同时对多个图层中的图像进行操作时，可以将多个图层链接在一起，以便操作。选中要链接的图层，如图 2-121 所示，单击"图层"控制面板下方的"链接图层"按钮 ∞ ，选中的图层被链接，如图 2-122 所示。再次单击"链接图层"按钮 ∞ ，可取消链接。

排列图层：在"图层"控制面板中的任意图层上按住鼠标左键不放，拖曳鼠标可将该图层调整到其他图层的上方或下方。

图 2-121

图 2-122

选择"图层 > 排列"命令，弹出"排列"命令的子菜单，选择其中的排列方式即可。

按 Ctrl+ [组合键，可以将当前图层向下移动一层；按 Ctrl+] 组合键，可以将当前图层向上移动一层；按 Shift+Ctrl+ [组合键，可以将当前图层移动到背景图层以外的所有图层的下方；按 Shift +Ctrl+] 组合键，可以将当前图层移动到所有图层的上方。背景图层不能随意移动，可以将其转换为普通图层后再移动。

2.8.8　合并图层

"向下合并"命令用于向下合并图层。单击"图层"控制面板右上方的 ≡ 图标，在弹出的面板菜单中选择"向下合并"命令，或按 Ctrl+E 组合键即可完成操作。

"合并可见图层"命令用于合并所有可见图层。单击"图层"控制面板右上方的 ≡ 图标，在弹出的面板菜单中选择"合并可见图层"命令，或按 Shift+Ctrl+E 组合键即可完成操作。

"拼合图像"命令用于合并所有图层。单击"图层"控制面板右上方的 ≡ 图标，在弹出的面板菜单中选择"拼合图像"命令即可完成操作。

2.8.9　图层组

当编辑多层图像时，为了方便操作，可以将多个图层放在一个图层组中。单击"图层"控制面板右上方的 ≡ 图标，在弹出的面板菜单中选择"新建组"命令，弹出"新建组"对话框，单击"确定"按钮，新建一个图层组，如图 2-123 所示。选中要放置到图层组中的多个图层，如图 2-124 所示。将其拖曳到图层组中，选中的图层被放置在图层组中，如图 2-125 所示。

单击"图层"控制面板下方的"创建新组"按钮 ▢ ，或选择"图层 > 新建 > 组"命令，可以新建图层组。还可选中要放置在图层组中的所有图层，按 Ctrl+G 组合键，软件将自动生成新的图层组。

图 2-123   图 2-124   图 2-125

2.9 恢复操作

在绘制和编辑图像的过程中，经常会错误地执行一个步骤或对制作的效果不满意。当希望恢复到之前的图像效果时，可以使用恢复操作。

2.9.1 恢复到上一步的操作

在编辑图像的过程中可以随时将操作返回到上一步，也可以还原图像到恢复前的效果。选择"编辑 > 还原"命令，或按 Ctrl+Z 组合键，可以恢复到图像的上一步操作。如果想还原图像到恢复前的效果，再按 Ctrl+Z 组合键即可。

2.9.2 中断操作

当 Photoshop 正在进行图像处理时，如果想中断正在进行的操作，可以按 Esc 键。

2.9.3 恢复到操作过程中的任意步骤

在"历史记录"控制面板中可以将进行过多次处理操作的图像恢复到任意一步操作时的状态，即所谓的"多次恢复功能"。选择"窗口 > 历史记录"命令，弹出"历史记录"控制面板，如图 2-126 所示。

控制面板下方的按钮从左至右依次为"从当前状态创建新文档"按钮 、"创建新快照"按钮 和"删除当前状态"按钮 。

单击控制面板右上方的 图标，弹出面板菜单，如图 2-127 所示。

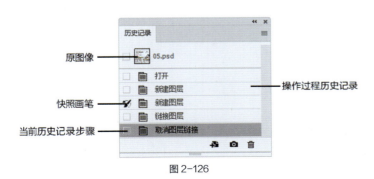

图 2-126   图 2-127

前进一步：用于将操作记录前进到下一步。

后退一步：用于将操作记录后退到上一步。

新建快照：用于根据当前操作记录建立新的快照。

删除：用于删除控制面板中当前及之后的操作记录。

清除历史记录：用于清除控制面板中除最后一条操作记录外的所有操作记录。

新建文档：用于根据当前状态或者快照建立新的文件。

历史记录选项：用于设置"历史记录"控制面板。

"关闭"和"关闭选项卡组"：分别用于关闭"历史记录"控制面板和"历史记录"控制面板所在的选项卡组。

03

第 3 章
绘制和编辑选区

本章介绍

　　本章主要介绍在 Photoshop 中绘制选区和编辑选区的方法与技巧。通过本章的学习，学习者可以快速地绘制各种形状的选区，并对选区进行移动、反选、羽化等调整操作。

学习目标

- 熟练掌握选择工具的使用方法。
- 掌握选区的操作。

技能目标

- 掌握"时尚彩妆类电商 Banner"的制作方法。
- 掌握"商品详情页主图"的制作方法。

素养目标

- 培养独立思考和善于分析的能力。
- 培养能够不断改进学习方法的自主学习能力。
- 培养勇于探索、敢于创新的意识。

3.1　选择工具的使用

　　要对图像进行编辑，首先要进行选择图像的操作。快捷、精确地选择图像是提高图像处理效率的关键。

3.1.1　课堂案例——制作时尚彩妆类电商 Banner

　　【案例学习目标】学习使用不同的选择工具来选择不同形状的图像，应用移动工具合成 Banner。

　　【案例知识要点】使用矩形选框工具、椭圆选框工具、多边形套索工具和魔棒工具抠出化妆品，使用"变换"命令调整图像大小，使用移动工具合成图像，最终效果如图 3-1 所示。

　　【效果所在位置】Ch03/ 效果 / 制作时尚彩妆类电商 Banner.psd。

图 3-1

　　（1）按 Ctrl + O 组合键，打开云盘中的"Ch03 > 素材 > 制作时尚彩妆类电商 Banner > 02"文件，如图 3-2 所示。选择"矩形选框工具"，在"02"图像窗口中沿着化妆品盒边缘拖曳鼠标绘制选区，如图 3-3 所示。

图 3-2　　　　　　　　　　　　　　　图 3-3

　　（2）按 Ctrl + O 组合键，打开云盘中的"Ch03 > 素材 > 制作时尚彩妆类电商 Banner > 01"文件。选择"移动工具"，将"02"图像窗口选区中的图像拖曳到"01"图像窗口中适当的位置，效果如图 3-4 所示。"图层"控制面板中生成新的图层，将其重命名为"化妆品 1"。

　　（3）按 Ctrl+T 组合键，图像周围出现变换框，将鼠标指针放在变换框的控制手柄外边，鼠标指针变为旋转图标，拖曳图像将其旋转到适当的角度，按 Enter 键确定操作，效果如图 3-5 所示。

图 3-4　　　　　　　　　　　　　　　图 3-5

　　（4）选择"椭圆选框工具"，在"02"图像窗口中沿着化妆品边缘拖曳鼠标绘制选区，如图 3-6 所示。选择"移动工具"，将"02"图像窗口选区中的图像拖曳到"01"图像窗口中适当的位置，效果如图 3-7 所示。"图层"控制面板中生成新的图层，将其重命名为"化妆品 2"。

图 3-6

图 3-7

（5）选择"多边形套索工具" ，在"02"图像窗口中沿着化妆品边缘拖曳鼠标绘制选区，如图 3-8 所示。选择"移动工具" ，将"02"图像窗口选区中的图像拖曳到"01"图像窗口中适当的位置，效果如图 3-9 所示。"图层"控制面板中生成新的图层，将其重命名为"化妆品 3"。

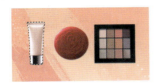
图 3-8

图 3-9

（6）按 Ctrl + O 组合键，打开云盘中的"Ch03 > 素材 > 制作时尚彩妆类电商 Banner > 03"文件。选择"魔棒工具" ，在图像窗口的背景区域单击，图像周围生成选区，效果如图 3-10 所示。按 Shift+Ctrl+I 组合键，将选区反选，效果如图 3-11 所示。

（7）选择"移动工具" ，将"03"图像窗口选区中的图像拖曳到"01"图像窗口中适当的位置，如图 3-12 所示。"图层"控制面板中生成新的图层，将其重命名为"化妆品 4"。

图 3-10

图 3-11

图 3-12

（8）按 Ctrl + O 组合键，打开云盘中的"Ch03 > 素材 > 制作时尚彩妆类电商 Banner > 04、05"文件，选择"移动工具" ，将图像分别拖曳到"01"图像窗口中适当的位置，如图 3-13 所示。"图层"控制面板中生成新的图层，将其重命名为"云 1"和"云 2"，"图层"控制面板如图 3-14 所示。

图 3-13

图 3-14

（9）在"图层"控制面板中选中"云1"图层，并将其拖曳到"化妆品1"图层的下方，"图层"控制面板如图3-15所示，图像窗口中的效果如图3-16所示。时尚彩妆类电商Banner制作完成。

图 3-15

图 3-16

3.1.2 矩形选框工具

矩形选框工具用于在图像或图层中绘制矩形选区。

选择"矩形选框工具" ⬚，或反复按Shift+M组合键选择矩形选框工具，此时属性栏如图3-17所示。

图 3-17

新选区 ▢：去除旧选区，绘制新选区。添加到选区 ▣：在原有选区的基础上增加新的选区。从选区减去 ▣：在原有选区上减去新选区的部分。与选区交叉 ▣：选择新旧选区重叠的部分。羽化：用于设定选区边界的羽化程度。消除锯齿：用于清除选区边缘的锯齿。样式：用于选择类型。

打开一幅图像。选择"矩形选框工具" ⬚，在图像窗口中适当的位置按住鼠标左键不放，向右下方拖曳鼠标绘制选区；释放鼠标左键，矩形选区绘制完成，如图3-18所示。按住Shift键的同时绘制选区，可以在图像窗口中绘制正方形选区，如图3-19所示。

在属性栏中选择"样式"下拉列表中的"固定比例"选项，将"宽度"选项设为2，"高度"选项设为3，如图3-20所示。在图像窗口中绘制固定比例的选区，效果如图3-21所示。单击"高度和宽度互换"按钮 ⇄，可以快速地将宽度和高度的数值互换，互换后绘制的选区效果如图3-22所示。

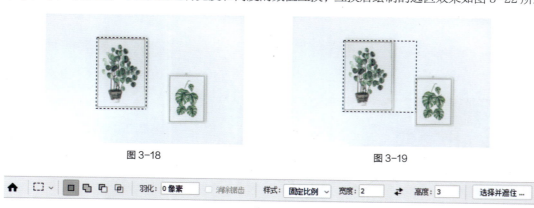
图 3-18   图 3-19

图 3-20

图 3-21   图 3-22

在属性栏中选择"样式"下拉列表中的"固定大小"选项，在"宽度"和"高度"数值框中输入数值，如图 3-23 所示。在图像窗口中绘制固定大小的选区，效果如图 3-24 所示。单击"高度和宽度互换"按钮 ⇄，可以快速地将宽度和高度的数值互换，互换后绘制的选区效果如图 3-25 所示。

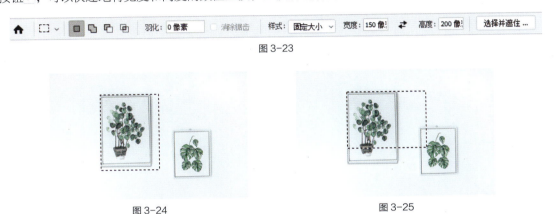

图 3-23

图 3-24   图 3-25

因为椭圆选框工具的应用与矩形选框工具基本相同，所以这里不赘述。

3.1.3 套索工具

套索工具用于在图像或图层中绘制不规则的选区，选取不规则的图像。

选择"套索工具" ○，或反复按 Shift+L 组合键选择套索工具，此时属性栏如图 3-26 所示。

图 3-26

选择"套索工具" ○，在图像窗口中适当的位置按住鼠标左键不放，拖曳鼠标在图像上进行绘制，如图 3-27 所示；释放鼠标左键，选择的区域将自动封闭生成选区，效果如图 3-28 所示。

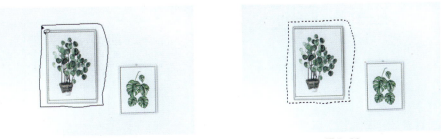

图 3-27   图 3-28

3.1.4　魔棒工具

魔棒工具用于选取图像中的某一点，并将与这一点颜色相同或相近的点自动融入选区中。

选择"魔棒工具" ，或反复按 Shift+W 组合键选择魔棒工具，此时属性栏如图 3-29 所示。

图 3-29

取样大小：用于设置取样范围的大小。容差：用于控制颜色的范围，数值越大，可容许的颜色范围越大。连续：用于选择单独的颜色范围。对所有图层取样：用于将所有可见图层中颜色容许范围内的颜色加入选区。

打开一幅图像。选择"魔棒工具" ，在图像背景中单击即可得到选区，如图 3-30 所示。将"容差"选项设为 100，再次单击背景区域，生成选区，效果如图 3-31 所示。

图 3-30　　　　　　　　　　　　　　图 3-31

3.2　选区的操作

在建立选区后，可以对选区进行一系列操作，如移动选区、羽化选区取消选区和反选选区等。另外，可以将整幅图像作为选区。

3.2.1　课堂案例——制作商品详情页主图

【案例学习目标】学习使用矩形选框工具绘制选区，并使用"羽化"命令制作出需要的效果。

【案例知识要点】使用矩形选框工具、"变换选区"命令、"扭曲"命令和"羽化"命令制作商品投影，使用移动工具添加装饰图像和文字，最终效果如图 3-32 所示。

【效果所在位置】Ch03/ 效果 / 制作商品详情页主图 .psd。

图 3-32

（1）按 Ctrl+O 组合键，打开云盘中的"Ch03 > 素材 > 制作商品详情页主图 > 01、02"文件。选择"移动"工具 ⊕，将"02"图像拖曳到"01"图像窗口中适当的位置，如图 3-33 所示。"图层"控制面板中生成新的图层，将其重命名为"沙发"。选择"矩形选框工具" ▭，在图像窗口中拖曳鼠标绘制矩形选区，如图 3-34 所示。

图 3-33

图 3-34

（2）选择"选择 > 变换选区"命令，选区周围出现控制手柄，如图 3-35 所示。按住 Ctrl+Shift 组合键，拖曳左上角的控制手柄到适当的位置，如图 3-36 所示。使用相同的方法调整其他控制手柄，如图 3-37 所示。

图 3-35

图 3-36

图 3-37

（3）选区变换完成后，按 Enter 键确定操作，效果如图 3-38 所示。按 Shift+F6 组合键，弹出"羽化选区"对话框，选项的设置如图 3-39 所示，单击"确定"按钮。

图 3-38

图 3-39

（4）按住 Ctrl 键的同时，单击"图层"控制面板下方的"创建新图层"按钮 ▣，在"沙发"图层下方新建一个图层并将其命名为"投影"。将前景色设为黑色。按 Alt+Delete 组合键，用前景色填充选区。按 Ctrl+D 组合键，取消选区，效果如图 3-40 所示。

（5）在"图层"控制面板上方将"投影"图层的"不透明度"选项设为 40%，如图 3-41 所示，按 Enter 键确定操作，图像效果如图 3-42 所示。

图 3-40　　　　　　　　　　　图 3-41　　　　　　　　　　　图 3-42

（6）选中"沙发"图层。按 Ctrl+O 组合键，打开云盘中的"Ch03 > 素材 > 制作商品详情页主图 > 03"文件。选择"移动工具" ，将"03"图像拖曳到"01"图像窗口中适当的位置，图像效果如图 3-43 所示。"图层"控制面板中生成新的图层，将其重命名为"装饰"，如图 3-44 所示。商品详情页主图制作完成。

图 3-43　　　　　　　　　　　　　　　　　　图 3-44

3.2.2　移动选区

打开一幅图像。在图像中绘制选区，将鼠标指针放在选区中，鼠标指针变为 图标，如图 3-45 所示。按住鼠标左键不放，鼠标指针变为 图标，将选区拖曳到其他位置，如图 3-46 所示。释放鼠标左键，即可完成选区的移动，效果如图 3-47 所示。

当使用矩形选框工具和椭圆选框工具绘制选区时，不释放鼠标左键，按住空格键的同时拖曳鼠标，也可移动选区。绘制出选区后，按一次键盘中的方向键可以将选区沿相应方向移动 1 像素，按一次 Shift+ 方向组合键可以将选区沿相应方向移动 10 像素。

图 3-45　　　　　　　　　　　图 3-46　　　　　　　　　　　图 3-47

3.2.3　羽化选区

羽化选区可以使图像产生柔和的效果。

在图像中绘制选区，如图 3-48 所示。选择"选择 > 修改 > 羽化"命令，弹出"羽化选区"对话框，设置羽化半径的数值，如图 3-49 所示，单击"确定"按钮，羽化选区。按 Shift+Ctrl+I 组合键，将选区反选，如图 3-50 所示。

| 图 3-48 | 图 3-49 | 图 3-50 |

在选区中填充颜色后，按 Ctrl+D 组合键取消选区，效果如图 3-51 所示。还可以在绘制选区前在所使用工具的属性栏中直接设置羽化值，如图 3-52 所示。此时，绘制的选区自动成为带有羽化边缘的选区。

图 3-51

图 3-52

3.2.4 取消选区

选择"选择 > 取消选择"命令，或按 Ctrl+D 组合键，可以取消选区。

3.2.5 将整幅图像作为选区和反选选区

选择"选择 > 全部"命令，或按 Ctrl+A 组合键，可以将整幅图像作为选区，效果如图 3-53 所示。

选择"选择 > 反向"命令，或按 Shift+Ctrl+I 组合键，可以对当前的选区进行反向选取，反选前后的效果如图 3-54 和图 3-55 所示。

| 图 3-53 | 图 3-54 | 图 3-55 |

课堂练习——制作旅游出行公众号首图

【练习知识要点】使用魔棒工具选取背景，使用移动工具更换天空和移动图像，最终效果如

图 3-56 所示。

课堂练习

制作旅游出行
公众号首图

图 3-56

【效果所在位置】Ch03/ 效果 / 制作旅游出行公众号首图 .psd。

课后习题——制作橙汁海报

【习题知识要点】使用椭圆选框工具和"羽化"命令制作投影效果，使用魔棒工具选取图像，使用"反向"命令制作选区反选效果，使用移动工具移动选区中的图像，最终效果如图 3-57 所示。

【效果所在位置】Ch03/ 效果 / 制作橙汁海报 .psd。

课后习题

制作橙汁海报

图 3-57

第 4 章
绘制图像

本章介绍

　　本章主要介绍 Photoshop 中绘图工具的使用方法及填充工具的使用技巧。通过本章的学习，学习者可以用绘图工具绘制出丰富多样的图像，用填充工具制作出多样的填充效果。

学习目标

- 掌握绘图工具、历史记录画笔工具和历史记录艺术画笔工具的使用方法。
- 熟练掌握油漆桶工具、吸管工具和渐变工具的使用方法。
- 掌握"填充"命令、"定义图案"命令和"描边"命令的使用方法。

技能目标

- 掌握"美好生活公众号封面次图"的制作方法。
- 掌握"浮雕画"的制作方法。
- 掌握"应用商店类 UI 图标"的制作方法。
- 掌握"女装活动页 H5 首页"的制作方法。

素养目标

- 培养良好的实践动手能力。
- 培养良好的艺术感知能力和审美意识。
- 培养良好的团队协作意识。

4.1　绘图工具的使用

掌握绘图工具的使用方法是绘制和编辑图像的基础。绘图工具包括画笔工具和铅笔工具，使用画笔工具可以绘制出各种绘画效果，使用铅笔工具可以绘制出各种硬边效果。

4.1.1　课堂案例——制作美好生活公众号封面次图

【案例学习目标】学习使用"定义画笔预设"命令和画笔工具制作公众号封面次图。

【案例知识要点】使用"定义画笔预设"命令定义画笔图像，使用画笔工具和画笔设置控制面板制作装饰点，使用橡皮擦工具擦除多余的点，使用"高斯模糊"命令为装饰点添加模糊效果，最终效果如图 4-1 所示。

微课视频　　　　扩展案例

制作美好生活　　制作珠宝网站
公众号封面次图　　详情页主图

图 4-1

【效果所在位置】Ch04/ 效果 / 制作美好生活公众号封面次图 .psd。

（1）按 Ctrl+O 组合键，打开云盘中的"Ch04 > 素材 > 制作美好生活公众号封面次图 > 01"文件，如图 4-2 所示。按 Ctrl+O 组合键，打开云盘中的"Ch04 > 素材 > 制作美好生活公众号封面次图 > 02"文件，按 Ctrl+A 组合键，将整幅图像作为选区，如图 4-3 所示。

图 4-2

图 4-3

（2）选择"编辑 > 定义画笔预设"命令，弹出"画笔名称"对话框，在"名称"文本框中输入"点 .psd"，如图 4-4 所示。单击"确定"按钮，将点图像定义为画笔。

（3）在"01"图像窗口中，单击"图层"控制面板下方的"创建新图层"按钮 ⬛，生成新的图层，将其重命名为"装饰点 1"。将前景色设为白色。选择"画笔工具" ✐，在属性栏中单击"画笔预设"选项，在弹出的画笔选择面板中选择刚定义好的点形状画笔，如图 4-5 所示。

（4）在属性栏中单击"切换画笔设置面板"按钮 ⬛，弹出"画笔设置"控制面板，勾选"形状动态"复选框，切换到相应的面板中进行设置，如图 4-6 所示；勾选"散布"复选框，切换到相应的面板中进行设置，如图 4-7 所示；勾选"传递"复选框，切换到相应的面板中进行设置，如图 4-8 所示。

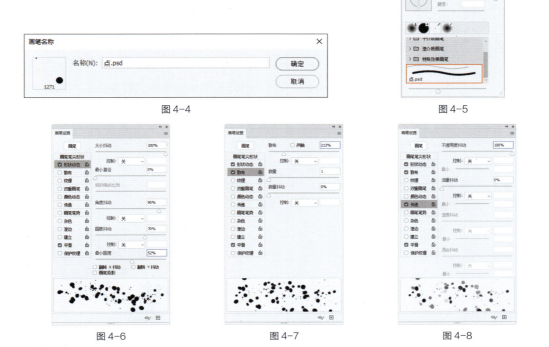

图 4-4

图 4-5

图 4-6　　　　　　　　图 4-7　　　　　　　　图 4-8

（5）在图像窗口中拖曳鼠标绘制装饰点，效果如图 4-9 所示。选择"橡皮擦工具" ，在属性栏中单击"画笔预设"选项，在弹出的画笔选择面板中选择需要的形状，如图 4-10 所示。在图像窗口中拖曳鼠标擦除不需要的小圆点，效果如图 4-11 所示。

图 4-9　　　　　　　　图 4-10　　　　　　　　图 4-11

（6）选择"滤镜 > 模糊 > 高斯模糊"命令，在弹出的对话框中进行设置，如图 4-12 所示，单击"确定"按钮，效果如图 4-13 所示。用相同的方法绘制"装饰点 2"，效果如图 4-14 所示。美好生活公众号封面次图制作完成。

图 4-12　　　　　　　　图 4-13　　　　　　　　图 4-14

4.1.2　画笔工具

选择"画笔工具" ✎，或反复按 Shift+B 组合键选择画笔工具，此时属性栏如图 4-15 所示。

图 4-15

⁛：用于选择和设置预设的画笔。模式：用于选择绘画颜色与下面现有像素的混合模式。不透明度：用于设定画笔颜色的不透明度。⬤：用于对不透明度使用压力。流量：用于设定喷笔压力，压力越大，喷色越浓。⬤：用于启用喷枪模式绘制效果。平滑：用于设置画笔边缘的平滑度。⬤：用于设置其他平滑度选项。⬤：使用压感笔压力，可以覆盖画笔选择面板中"不透明度"和"大小"的设置。⬤：用于选择和设置绘画的对称选项。

打开一幅图像。选择"画笔工具" ✎，在属性栏中设置画笔，如图 4-16 所示。在图像窗口中拖曳鼠标，可以绘制出图 4-17 所示的效果。

图 4-16　　　　　　　　　　　　　　　　　　　图 4-17

在属性栏中单击 ⁛ 选项，弹出图 4-18 所示的画笔选择面板，在其中可以选择画笔形状。拖曳"大小"选项下方的滑块或直接输入数值，可以设置画笔的大小。如果选择的画笔是基于样本的，将显示"恢复到原始大小"按钮 ⟲，单击此按钮，可以使画笔的大小恢复到初始大小。

单击画笔选择面板右上方的 ⬤ 按钮，弹出下拉菜单，如图 4-19 所示。

图 4-18　　　　　　　　　　　　　　　图 4-19

新建画笔预设：用于建立新画笔。新建画笔组：用于建立新的画笔组。重命名 画笔：用于重新命名画笔。删除 画笔：用于删除当前选中的画笔。画笔名称：用于在画笔选择面板中显示画笔名称。画笔描边：用于在画笔选择面板中显示画笔描边。画笔笔尖：用于在画笔选择面板中显示画笔笔尖。

显示其他预设信息：用于在画笔选择面板中显示其他预设信息。显示近期画笔：用于在画笔选择面板中显示近期使用过的画笔。预设管理器：用于在弹出的"预设管理器"对话框中编辑画笔。恢复默认画笔：用于恢复默认状态的画笔。导入画笔：用于将存储的画笔载入画笔选择面板。导出选中的画笔：用于将选中的画笔导出。获取更多画笔：用于在官网上获取更多的画笔形状。转换后的旧版工具预设：用于将转换后的旧版工具预设画笔集恢复为画笔预设列表。旧版画笔：用于将旧版的画笔集恢复为画笔预设列表。

在画笔选择面板中单击"从此画笔创建新的预设"按钮 □，会弹出图 4-20 所示的"新建画笔"对话框。单击属性栏中的"切换画笔设置面板"按钮 ☑，会弹出图 4-21 所示的"画笔设置"控制面板。

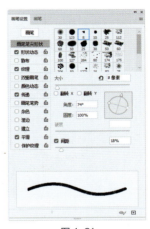

图 4-20   图 4-21

4.1.3　铅笔工具

选择"铅笔工具" ✐，或反复按 Shift+B 组合键选择铅笔工具，此时属性栏如图 4-22 所示。

图 4-22

自动抹除：用于自动判断绘画时的起始点颜色，如果起始点颜色为背景色，则将以前景色进行绘制；如果起始点颜色为前景色，则会以背景色进行绘制。

打开一幅图像。选择"铅笔工具" ✐，在属性栏中选择笔触大小，勾选"自动抹除"复选框，如图 4-23 所示，此时绘制效果与单击的起始点颜色有关，当单击的起始点颜色与前景色相同时，铅笔工具的功能将与橡皮擦工具相同，以背景色绘图；如果单击的起始点颜色不是前景色，绘图时仍然使用前景色。

将前景色和背景色分别设定为黄色和橙色，在图像窗口中单击，画出一个黄色图形，在黄色图形上单击，绘制下一个图形，用相同的方法继续绘制，效果如图 4-24 所示。

图 4-23   图 4-24

4.2　历史记录画笔工具和历史记录艺术画笔工具的使用

历史记录画笔工具和历史记录艺术画笔工具主要用于将图像恢复到某一历史状态，以形成特殊的图像效果。

4.2.1　课堂案例——制作浮雕画

【案例学习目标】学习使用图层样式和历史记录艺术画笔工具制作浮雕画。

【案例知识要点】使用历史记录艺术画笔工具制作涂抹效果，使用"色相/饱和度"命令和"颜色叠加"命令调整图像颜色，使用"去色"命令将图像去色，使用"浮雕效果"命令为图像添加浮雕效果，最终效果如图 4-25 所示。

微课视频　　　　扩展案例

制作浮雕画　　　制作浮雕画公众
号封面首图

图 4-25

【效果所在位置】Ch04/效果/制作浮雕画 .psd。

（1）按 Ctrl+O 组合键，打开云盘中的"Ch04 > 素材 > 制作浮雕画 > 01"文件，如图 4-26 所示。新建一个图层并将其命名为"黑色块"。将前景色设为黑色。按 Alt+Delete 组合键，用前景色填充图层。在"图层"控制面板上方，将该图层的"不透明度"选项设为 80%，如图 4-27 所示，按 Enter 键确认操作，图像效果如图 4-28 所示。

图 4-26　　　　　　　　　　图 4-27　　　　　　　　　　图 4-28

（2）新建一个图层并将其命名为"油画"。选择"历史记录艺术画笔工具"，在属性栏中将"不透明度"选项设为 85%，单击"画笔"选项，弹出画笔选择面板，将"大小"选项设为 15 像素，属性栏的设置如图 4-29 所示。在图像窗口中拖曳鼠标绘制图形，直到绘制的图形覆盖完图像，效果如图 4-30 所示。

（3）选择"图像 > 调整 > 色相/饱和度"命令，在弹出的对话框中进行设置，如图 4-31 所示，单击"确定"按钮，效果如图 4-32 所示。

图 4-29　　　　　　　　　　　　　　图 4-30

图 4-31　　　　　　　　　　　　　　图 4-32

（4）将"油画"图层拖曳到"图层"控制面板下方的"创建新图层"按钮 ⊡ 上进行复制，生成新的图层，将其重命名为"浮雕"，如图 4-33 所示。选择"图像 > 调整 > 去色"命令，将图像去色，效果如图 4-34 所示。

图 4-33　　　　　　　　　　　　　　图 4-34

（5）在"图层"控制面板上方，将"浮雕"图层的混合模式设为"叠加"，如图 4-35 所示，图像效果如图 4-36 所示。

图 4-35　　　　　　　　　　　　　　图 4-36

（6）选择"滤镜 > 风格化 > 浮雕效果"命令，在弹出的对话框中进行设置，如图 4-37 所示，单击"确定"按钮，效果如图 4-38 所示。

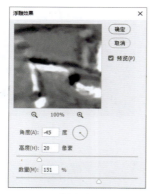

图 4-37   图 4-38

（7）单击"图层"控制面板下方的"添加图层样式"按钮 fx，在弹出的菜单中选择"颜色叠加"命令。弹出"图层样式"对话框，将叠加颜色设为浅蓝色（222、248、255），其他选项的设置如图 4-39 所示。单击"确定"按钮，图像效果如图 4-40 所示。浮雕画制作完成。

图 4-39   图 4-40

4.2.2　历史记录画笔工具

历史记录画笔工具是与"历史记录"控制面板结合起来使用的，主要用于将图像的部分区域恢复到某一历史状态，以形成特殊的图像效果。

打开一幅图像，如图 4-41 所示。为图像添加滤镜效果，如图 4-42 所示。"历史记录"控制面板如图 4-43 所示。

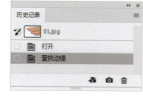

图 4-41   图 4-42   图 4-43

选择"椭圆选框工具" ○，在属性栏中将"羽化"选项设为 50 像素，在图像上绘制椭圆选区，如图 4-44 所示。选择"历史记录画笔工具" ✐，在"历史记录"控制面板中单击"打开"步骤左侧的方框，设置历史记录画笔的源，显示出 ✐ 图标，如图 4-45 所示。

图 4-44　　　　　　　　　　　　　　　　图 4-45

在选区中拖曳鼠标进行涂抹，如图 4-46 所示。取消选区后的效果如图 4-47 所示。"历史记录"控制面板如图 4-48 所示。

图 4-46　　　　　　　　　　图 4-47　　　　　　　　　　图 4-48

4.2.3　历史记录艺术画笔工具

历史记录艺术画笔工具和历史记录画笔工具的用法基本相同，区别在于使用历史记录艺术画笔工具绘图时可以产生艺术效果。

选择"历史记录艺术画笔工具" ，此时属性栏如图 4-49 所示。

图 4-49

样式：用于选择一种艺术笔触。区域：用于设置绘图时所覆盖的像素范围。容差：用于设置绘图时的间隔时间。

打开一幅图像，如图 4-50 所示。用颜色填充图像，效果如图 4-51 所示。"历史记录"控制面板如图 4-52 所示。

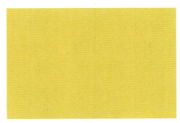

图 4-50　　　　　　　　　　图 4-51　　　　　　　　　　图 4-52

在"历史记录"控制面板中单击"打开"步骤左侧的方框，设置历史记录画笔的源，显示出 图标，如图 4-53 所示。选择"历史记录艺术画笔工具" ，在属性栏中进行设置，如图 4-54 所示。

在图像上拖曳鼠标进行涂抹，效果如图 4-55 所示。"历史记录"控制面板如图 4-56 所示。

图 4-53　　　　　　　　　　　　　图 4-54

图 4-55　　　　　　　　　　　　　图 4-56

4.3　填充工具的使用

使用渐变工具可以创建多种颜色间的渐变效果，使用油漆桶工具可以改变图像的色彩，使用吸管工具可以吸取需要的色彩。

4.3.1　课堂案例——制作应用商店类 UI 图标

【案例学习目标】学习使用渐变工具和"填充"命令制作 UI 图标。

【案例知识要点】使用"路径"控制面板、渐变工具和"填充"命令制作 UI 图标，最终效果如图 4-57 所示。

【效果所在位置】Ch04\ 效果 \ 制作应用商店类 UI 图标 .psd。

微课视频　　　　　　　　扩展案例

制作应用商店类　　　绘制备忘录图标
UI 图标

图 4-57

（1）按 Ctrl+O 组合键，打开云盘中的"Ch04 > 素材 > 制作应用商店类 UI 图标 > 01"文件，"路径"控制面板如图 4-58 所示。选中"路径 1"，如图 4-59 所示，图像效果如图 4-60 所示。

　　　　　　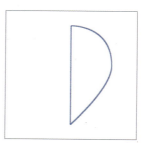

图 4-58　　　　　　　　　　图 4-59　　　　　　　　　　图 4-60

（2）返回"图层"控制面板，新建一个图层并将其命名为"红色渐变"。按 Ctrl+Enter 组合键，将路径转换为选区，如图 4-61 所示。

（3）选择"渐变工具" ，单击属性栏中的"点按可编辑渐变"按钮 ，弹出"渐变编辑器"对话框，在"位置"选项的数值框中分别输入 0、100，分别设置这两个位置点颜色的 RGB 值为（230、60、0）、（255、144、102），如图 4-62 所示，单击"确定"按钮。

（4）选中属性栏中的"线性渐变"按钮 ，按住 Shift 键的同时，在选区中由左至右拖曳鼠标填充渐变色。按 Ctrl+D 组合键，取消选区，效果如图 4-63 所示。

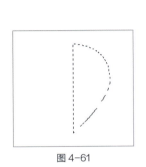

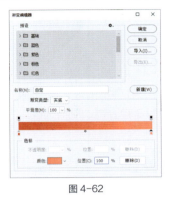

图 4-61 　　　　　　　　　　　　　图 4-62 　　　　　　　　　　　　　图 4-63

（5）在"路径"控制面板中，选中"路径 2"，图像效果如图 4-64 所示。返回"图层"控制面板，新建一个图层并将其命名为"蓝色渐变"。按 Ctrl+Enter 组合键，将路径转换为选区，如图 4-65 所示。

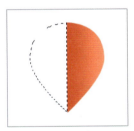

图 4-64 　　　　　　　　　　　　　　　　　图 4-65

（6）选择"渐变工具" ，单击属性栏中的"点按可编辑渐变"按钮 ，弹出"渐变编辑器"对话框，在"位置"选项的数值框中分别输入 47、100，分别设置这两个位置点颜色的 RGB 值为（0、108、183）、（124、201、255），如图 4-66 所示，单击"确定"按钮。按住 Shift 键的同时，在选区中由右至左拖曳鼠标填充渐变色。按 Ctrl+D 组合键，取消选区，效果如图 4-67 所示。

图 4-66 　　　　　　　　　　　　　　　　　图 4-67

（7）用相同的方法分别选中"路径 3"和"路径 4"，制作"绿色渐变"和"橙色渐变"，效果如图 4-68 所示。在"路径"控制面板中，选中"路径 5"，效果如图 4-69 所示。返回"图层"控制面板，新建一个图层并将其命名为"白色"。按 Ctrl+Enter 组合键，将路径转换为选区，如图 4-70 所示。

图 4-68

图 4-69

图 4-70

（8）选择"编辑 > 填充"命令，在弹出的对话框中进行设置，如图 4-71 所示，单击"确定"按钮，效果如图 4-72 所示。按 Ctrl+D 组合键，取消选区。

图 4-71

图 4-72

（9）应用商店类 UI 图标制作完成，图像效果如图 4-73 所示。将图标应用在手机中，会自动应用圆角遮罩图标，呈现出圆角效果，如图 4-74 所示。

图 4-73

图 4-74

4.3.2　油漆桶工具

选择"油漆桶工具" ，或反复按 Shift+G 组合键选择油漆桶工具，此时属性栏如图 4-75 所示。

图 4-75

 前景 ：在该下拉列表中选择填充前景色还是图案。 ：用于选择定义好的图案，仅填充图案时可用。连续的：用于设定填充方式。所有图层：用于设置是否对所有可见图层进行填充。

原图像如图 4-76 所示。设置前景色。选择"油漆桶工具" ，在适当的位置单击以填充颜色，如图 4-77 和图 4-78 所示。多次单击，填充其他区域，如图 4-79 所示。使用相同的方法为图像中的剩余区域填充适当的颜色，效果如图 4-80 所示。

图 4-76　　　　　　图 4-77　　　　　　图 4-78　　　　　　图 4-79　　　　　　图 4-80

在属性栏中设置图案，如图 4-81 所示。在图像中单击以填充图案，效果如图 4-82 所示。

图 4-81

图 4-82

4.3.3　吸管工具

选择"吸管工具" ，或反复按 Shift+I 组合键选择吸管工具，此时属性栏如图 4-83 所示。

图 4-83

打开一幅图像。选择"吸管工具" ，在图像中需要的位置单击，当前的前景色将变为吸管吸取的颜色，"信息"控制面板中将显示所吸取颜色的详细信息，如图 4-84 所示。

4.3.4　渐变工具

选择"渐变工具" ，或反复按 Shift+G 组合键选择渐变工具，此时属性栏如图 4-85 所示。

图 4-84

：用于选择和编辑渐变的颜色。 ：用于选择渐变类型，包括线性渐变、径向渐变、角度渐变、对称渐变、菱形渐变。反向：用于反向产生颜色渐变的效果。仿色：用于使渐变效果更平滑。透明区域：用于产生不透明度。

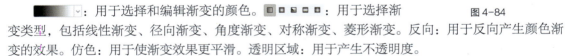

图 4-85

单击"点按可编辑渐变"按钮 ，弹出"渐变编辑器"对话框，如图 4-86 所示，在其中可以自定义渐变形式和颜色。

在"渐变编辑器"对话框中，在颜色编辑框下方的适当位置单击，可以增加颜色色标，如图 4-87 所示。单击下方"颜色"选项右侧的色块，或双击刚建立的颜色色标，弹出"拾色器（色标颜色）"对话框，如图 4-88 所示，在其中设置颜色，单击"确定"按钮，即可改变色标颜色。在"位置"选项的数值框中输入数值或直接拖曳颜色色标，可以调整色标位置。

选择任意一个颜色色标，如图 4-89 所示，单击"渐变编辑器"对话框下方的"删除"按钮，或按 Delete 键，可以将该颜色色标删除，如图 4-90 所示。

图 4-86

图 4-87

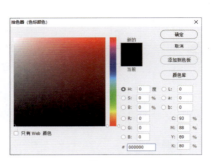

图 4-88

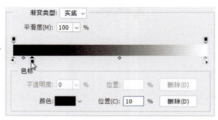

图 4-89

图 4-90

单击颜色编辑框左上方的黑色色标，如图 4-91 所示。调整"不透明度"选项的数值，可以使开始的颜色到结束的颜色显示为透明的效果，如图 4-92 所示。

图 4-91

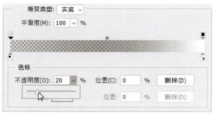

图 4-92

单击颜色编辑框的上方，出现新的色标，如图 4-93 所示。调整"不透明度"选项的数值，可以使新色标的颜色向两边的颜色出现过渡式的透明效果，如图 4-94 所示。

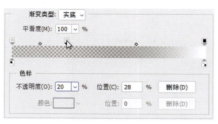

图 4-93

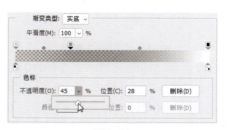

图 4-94

4.4 "填充"命令、"定义图案"命令与"描边"命令的使用

　　"填充"命令和"定义图案"命令用于为图像添加颜色和定义好的图案效果，"描边"命令用于为图像添加描边。

4.4.1 课堂案例——制作女装活动页 H5 首页

【案例学习目标】学习使用"描边"命令为选区添加描边。

【案例知识要点】使用矩形选框工具和"描边"命令制作黑色边框，使用"描边"命令为图像添加描边，使用移动工具添加图像和文字信息，最终效果如图 4-95 所示。

【效果所在位置】Ch04/ 效果 / 制作女装活动页 H5 首页 .psd。

图 4-95

（1）按 Ctrl+O 组合键，打开云盘中的"Ch04 > 素材 > 制作女装活动页 H5 首页 > 01、02、03"文件。选择"移动工具" ，将"02""03"图像拖曳到"01"图像窗口中适当的位置并调整大小，图像效果如图 4-96 所示。"图层"控制面板中生成的新图层，将其重命名为"人物 1"和"人物 2"，如图 4-97 所示。

图 4-96

图 4-97

（2）选择"背景"图层。新建一个图层并将其命名为"矩形"。将前景色设为白色。选择"矩形选框工具" ，在图像窗口中拖曳鼠标绘制矩形选区，如图 4-98 所示。按 Alt+Delete 组合键，用前景色填充选区。选择"人物 1"图层，按 Alt+Ctrl+G 组合键，为图层创建剪切蒙版，效果如图 4-99 所示。

图 4-98

图 4-99

（3）新建一个图层并将其命名为"黑色边框"。选择"编辑 > 描边"命令，在弹出的对话框中进行设置，如图 4-100 所示，单击"确定"按钮，为选区添加描边。按 Ctrl+D 组合键，取消选区，效果如图 4-101 所示。

图 4-100

图 4-101

（4）选择"人物 2"图层。单击"图层"控制面板下方的"创建新的填充或调整图层"按钮 ，在弹出的菜单中选择"色相 / 饱和度"命令。"图层"控制面板中生成"色相 / 饱和度 1"图层，同时弹出色相 / 饱和度的"属性"控制面板，如图 4-102 所示。按 Enter 键确定操作，图像效果如图 4-103 所示。

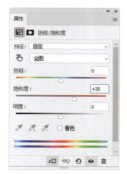

图 4-102

图 4-103

（5）单击"图层"控制面板下方的"创建新的填充或调整图层"按钮 ，在弹出的菜单中选择"色阶"命令。"图层"控制面板中生成"色阶 1"图层，在弹出的色阶的"属性"控制面板中进行设置，如图 4-104 所示。按 Enter 键确定操作，图像效果如图 4-105 所示。

图 4-104

图 4-105

（6）选择"黑色边框"图层。选择"横排文字工具" T.，在图像窗口中输入需要的文字并选取文字，"图层"控制面板中生成新的文字图层。按 Ctrl+T 组合键，弹出"字符"控制面板，将"颜色"选项设为绿色（61、204、138），其他选项的设置如图 4-106 所示。按 Enter 键确定操作，图像效果如图 4-107 所示。

图 4-106

图 4-107

（7）单击"图层"控制面板下方的"添加图层样式"按钮 fx，在弹出的菜单中选择"描边"命令，弹出"图层样式"对话框，将描边颜色设为黑色，其他选项的设置如图 4-108 所示。勾选"投影"复选框，切换到相应的对话框，选项的设置如图 4-109 所示，单击"确定"按钮，效果如图 4-110 所示。

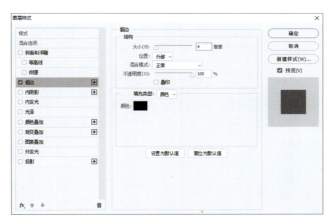

图 4-108

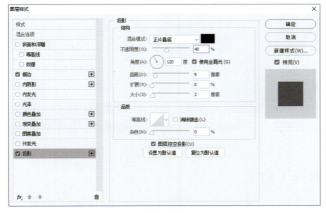

图 4-109

（8）选择最上方的图层。按 Ctrl+O 组合键，打开云盘中的"Ch04 > 素材 > 制作女装活动页 H5 首页 > 04"文件。选择"移动工具" ⊕，将"04"图像拖曳到"01"图像窗口中适当的位置，效果如图 4-111 所示。"图层"控制面板中生成新的图层，将其重命名为"文字"。女装活动页 H5 首页制作完成。

图 4-110

图 4-111

4.4.2 "填充"命令

1. "填充"对话框

选择"编辑 > 填充"命令，弹出"填充"对话框，如图 4-112 所示。

内容：用于选择填充内容，包括前景色、背景色、颜色、内容识别、图案、历史记录、黑色、50% 灰色、白色。混合：用于设置填充的模式和不透明度。

图 4-112

2. 填充选区

打开一幅图像，在图像窗口中绘制选区，如图 4-113 所示。选择"编辑 > 填充"命令，弹出"填充"对话框，选项的设置如图 4-114 所示，单击"确定"按钮，效果如图 4-115 所示。

图 4-113

图 4-114

图 4-115

提示

按 Alt+Delete 组合键，用前景色填充选区或图层。按 Ctrl+Delete 组合键，用背景色填充选区或图层。按 Delete 键，删除选区中的图像，显示背景色或下面的图像。

4.4.3 "定义图案"命令

打开一幅图像，在图像窗口中绘制选区，如图 4-116 所示。选择"编辑 > 定义图案"命令，弹出"图案名称"对话框，如图 4-117 所示，单击"确定"按钮，定义图案。按 Ctrl+D 组合键，取消选区。

图 4-116

图 4-117

选择"编辑 > 填充"命令,弹出"填充"对话框,将"内容"选项设为"图案",在"自定图案"选项的面板中选择新定义的图案,如图 4-118 所示,单击"确定"按钮,效果如图 4-119 所示。

图 4-118

图 4-119

在"填充"对话框的"模式"下拉列表中可以选择不同的填充模式,这里选择"叠加"选项,如图 4-120 所示,单击"确定"按钮,效果如图 4-121 所示。

图 4-120

图 4-121

4.4.4 "描边"命令

1. "描边"对话框

选择"编辑 > 描边"命令,弹出"描边"对话框,如图 4-122 所示。

描边:用于设置描边的宽度和颜色。位置:用于设置描边相对于边缘的位置,包括"内部""居中""居外"3 个选项。混合:用于设置描边的模式和不透明度。

2. 添加描边

打开一幅图像,在图像窗口中绘制选区,如图 4-123 所示。选择

图 4-122

"编辑 > 描边"命令，弹出"描边"对话框，选项的设置如图 4-124 所示，单击"确定"按钮添加描边。
按 Ctrl+D 组合键取消选区，效果如图 4-125 所示。

图 4-123　　　　　　　　　图 4-124　　　　　　　　　图 4-125

　　在"描边"对话框的"模式"下拉列表中选择需要的描边模式，这里选择"差值"选项，如
图 4-126 所示，单击"确定"按钮，按 Ctrl+D 组合键取消选区，效果如图 4-127 所示。

图 4-126　　　　　　　　　　　　　　　　图 4-127

课堂练习——制作欢乐假期宣传海报插画

　　【练习知识要点】使用矩形选框工具绘制选区，使用"定义画笔预设"命令定义画笔图像，使
用画笔工具绘制形状，最终效果如图 4-128 所示。

　　【效果所在位置】Ch04/ 效果 / 制作欢乐假期宣传海报插画 .psd。

课堂练习

制作欢乐假期
宣传海报插画

图 4-128

课后习题——制作时尚装饰画

【习题知识要点】使用移动工具调整图像的位置和旋转角度，使用画笔工具和钢笔工具绘制装饰图形，最终效果如图 4-129 所示。

图 4-129

课后习题

制作时尚装饰画

【效果所在位置】Ch04/ 效果 / 制作时尚装饰画 .psd。

05

第 5 章
修饰图像

本章介绍

　　本章主要介绍使用 Photoshop 修饰图像的方法与技巧。通过本章的学习,学习者能够了解并掌握修饰图像的基本方法与操作技巧,能应用相关工具快速地仿制图像、修复污点、消除红眼,以及修复有缺陷的图像。

学习目标

　✓ 熟练掌握修复与修补工具的使用方法。
　✓ 掌握修饰工具的使用技巧。
　✓ 了解擦除工具的使用技巧。

技能目标

　✓ 掌握"人物照片"的修复方法。
　✓ 掌握"为茶具添加水墨画"的方法。
　✓ 掌握"头戴式耳机海报"的制作方法。

素养目标

　✓ 培养勇于尝试和乐于实践的意识。
　✓ 培养善于思考、勤于练习的自主学习意识。
　✓ 培养能够正确表达自己意见的沟通能力。

5.1 修复与修补工具的使用

修复与修补工具用于对图像的细微部分进行修整，是处理图像时不可缺少的工具。

5.1.1 课堂案例——修复人物照片

【案例学习目标】学习使用仿制图章工具擦除图像中多余的碎发。

【案例知识要点】使用仿制图章工具清除人物照片中多余的碎发，最终效果如图 5-1 所示。

微课视频　　　　　扩展案例

修复人物照片　　　修复人物红眼

图 5-1

【效果所在位置】Ch05/ 效果 / 修复人物照片 .psd。

（1）按 Ctrl+O 组合键，打开云盘中的"Ch05 > 素材 > 修复人物照片 > 01"文件，如图 5-2 所示。将"背景"图层拖曳到"图层"控制面板下方的"创建新图层"按钮 ▫ 上进行复制，生成新的图层"背景 拷贝"，如图 5-3 所示。

（2）选择"缩放工具" ◯，将图像的局部放大。选择"仿制图章工具" ▲，在属性栏中单击"画笔"选项，在弹出的画笔选择面板中选择需要的画笔形状，选项的设置如图 5-4 所示。

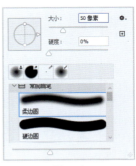

图 5-2　　　　　　　　　　图 5-3　　　　　　　　　　图 5-4

（3）将鼠标指针放置到图像中需要复制的位置，按住 Alt 键，鼠标指针变为圆形十字图标 ⊕，如图 5-5 所示，单击确定取样点，松开 Alt 键，在图像窗口中需要清除的位置多次单击，清除图像中多余的碎发，效果如图 5-6 所示。使用相同的方法，清除图像中其他区域多余的碎发，图像效果如图 5-7 所示。人物照片修复完成。

图5-5　　　　　　　　　　　图5-6　　　　　　　　　　　图5-7

5.1.2　修复画笔工具

修复画笔工具用于将取样点的像素信息非常自然地复制到图像的破损位置，并保持图像的亮度、饱和度、纹理等属性不变，使修复的效果更加自然逼真。

选择"修复画笔工具"，或反复按Shift+J组合键选择修复画笔工具，此时属性栏如图5-8所示。

图5-8

：用于选择和设置修复的画笔，单击此图标，在弹出的面板中可以设置画笔的大小、硬度、间距、角度、圆度和压力大小，如图5-9所示。模式：用于选择复制像素或填充图案与底图的混合模式。源：用于设置修复区域的源，选中"取样"按钮后，按住Alt键，当鼠标指针变为圆形十字图标⊕时，单击定下样本的取样点，松开Alt键，在图像中要修复的位置拖曳鼠标复制出取样点的图像；选中"图案"按钮后，在右侧的选项中选择图案或自定义图案来填充图像。对齐：勾选此复选框，下一次的复制位置会和上次的完全重合，图像不会因为重新复制而错位。样本：用于设置样本的取样图层。：用于在修复时忽略调整图层。扩散：用于调整扩散的程度。

打开一幅图像。选择"修复画笔工具"，在适当的位置单击确定取样点，如图5-10所示。在要修复的区域单击，修复图像，如图5-11所示。用相同的方法修复其他区域，效果如图5-12所示。

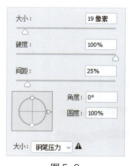

图5-9　　　　　　　　图5-10　　　　　　　　图5-11　　　　　　　　图5-12

单击属性栏中的"切换仿制源面板"按钮，弹出"仿制源"控制面板，如图5-13所示。

仿制源：激活按钮后，按住Alt键的同时，在图像中单击可以设置取样点；单击下一个仿制源按钮，还可以继续取样。

源：指定 *x* 轴和 *y* 轴的像素位移，可以在相对于取样点的精确位置进行仿制。

W/H：用于缩放所仿制的源。

旋转：在数值框中输入旋转角度，可以旋转仿制的源。

"水平翻转"按钮🔄或"垂直翻转"按钮🔄：用于水平或垂直翻转仿制的源。

复位变换🔄：用于将 W、H、角度值和翻转方向恢复到默认的状态。

显示叠加：勾选此复选框并设置叠加方式后，在使用修复工具时，可以更好地查看叠加效果及下面的图像。

不透明度：用于设置叠加图像的不透明度。

已剪切：用于将叠加效果剪切到画笔大小。

自动隐藏：用于在应用绘画描边时隐藏叠加效果。

反相：用于反相叠加颜色。

图 5-13

5.1.3　污点修复画笔工具

污点修复画笔工具的工作方式与修复画笔工具相似，使用图像中的样本像素进行绘画，并将样本像素的纹理、光照、透明度和阴影与所修复的像素相匹配。区别在于，使用污点修复画笔工具修复图像时不需要指定样本点，该工具将自动从所修复区域的周围取样。

打开一幅图像。选择"污点修复画笔工具"🩹，或反复按 Shift+J 组合键选择污点修复工具，此时属性栏如图 5-14 所示。

图 5-14

选择"污点修复画笔工具"🩹，在属性栏中进行设置，如图 5-15 所示。

图 5-15

打开一幅图像，如图 5-16 所示。在图像中要修复的污点上拖曳鼠标，如图 5-17 所示。释放鼠标左键，污点被去除，效果如图 5-18 所示。

图 5-16

图 5-17

图 5-18

5.1.4　修补工具

选择"修补工具"🩹，或反复按 Shift+J 组合键选择修补工具，此时属性栏如图 5-19 所示。

图 5-19

打开一幅图像。选择"修补工具"🩹，圈选图像中需要修补的区域，如图 5-20 所示。在属性栏中选中"源"按钮，在选区中按住鼠标左键不放，拖曳鼠标到需要的位置，如图 5-21 所示。释放鼠标左键，选区中的图像被新位置的图像所修补，如图 5-22 所示。按 Ctrl+D 组合键，取消选区，效果如图 5-23 所示。

图 5-20

图 5-21

图 5-22

图 5-23

选择"修补工具" ，圈选图像中的区域，如图 5-24 所示。在属性栏中选中"目标"按钮，将选区拖曳到要修补的图像区域，如图 5-25 所示。圈选的图像修补了云朵，如图 5-26 所示。按 Ctrl+D 组合键，取消选区，效果如图 5-27 所示。

图 5-24

图 5-25

图 5-26

图 5-27

选择"修补工具" ，圈选图像中的区域，如图 5-28 所示。在属性栏中选择需要的图案，如图 5-29 所示。单击"使用图案"按钮，在选区中填充所选图案。按 Ctrl+D 组合键，取消选区，效果如图 5-30 所示。

图 5-28

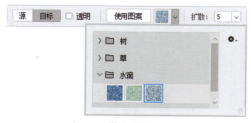
图 5-29

图 5-30

选择需要的图案，勾选"透明"复选框，如图 5-31 所示。单击"使用图案"按钮，在选区中填充透明图案。按 Ctrl+D 组合键，取消选区，效果如图 5-32 所示。

图 5-31

图 5-32

5.1.5　内容感知移动工具

内容感知移动工具用于将选中的对象移动或扩展到图像的其他区域进行重组和混合，以生成出色的视觉效果。

选择"内容感知移动工具" ，或反复按 Shift+J 组合键选择内容感知工具，此时属性栏如图 5-33 所示。

图 5-33

模式：用于选择重新混合的模式。结构：用于设置区域保留的严格程度。颜色：用于调整可修改的源颜色的程度。投影时变换：勾选此复选框，可以在制作混合时变换图像。

打开一幅图像。选择"内容感知移动工具" ，在属性栏中将"模式"选项设为"移动"，在图像窗口中拖曳鼠标绘制选区，如图 5-34 所示。将鼠标指针放置在选区中，向右拖曳鼠标，如图 5-35 所示。释放鼠标左键后，软件自动将选区中的图像移动到新位置，同时出现变换框，可以变换图像，如图 5-36 所示。按 Enter 键确定操作，原选区被周围的图像自动修复，按 Ctrl+D 组合键取消选区，效果如图 5-37 所示。

图 5-34

图 5-35

图 5-36

图 5-37

打开一幅图像。选择"内容感知移动工具" ，在属性栏中将"模式"选项设为"扩展"，在图像窗口中拖曳鼠标绘制选区，如图 5-38 所示。将鼠标指针放置在选区中，向右拖曳鼠标，如图 5-39 所示。释放鼠标左键后，软件自动将选区中的图像扩展复制并移动到新位置，同时出现变换框，可以变换图像，如图 5-40 所示。按 Enter 键确定操作，按 Ctrl+D 组合键取消选区，效果如图 5-41 所示。

图 5-38

图 5-39

图 5-40   图 5-41

5.1.6 红眼工具

红眼工具用于去除用闪光灯拍摄的人物照片中的红眼和白色、绿色反光。

选择"红眼工具" ，或反复按 Shift+J 组合键选择红眼工具，此时属性栏如图 5-42 所示。

图 5-42

瞳孔大小：用于设置瞳孔的大小。变暗量：用于设置瞳孔的暗度。

打开一张人物照片，如图 5-43 所示。选择"红眼"工具 ，在属性栏中进行设置，如图 5-44 所示。在照片中瞳孔的位置单击，如图 5-45 所示，去除照片中的红眼，效果如图 5-46 所示。

图 5-43   图 5-44   图 5-45   图 5-46

5.1.7 仿制图章工具

仿制图章工具用于以指定的像素点为复制基准点，将其周围的图像复制到其他位置。

选择"仿制图章工具" ，或反复按 Shift+S 组合键选择仿制图章工具，此时属性栏如图 5-47 所示。

图 5-47

流量：用于设定扩散的速度。对齐：用于控制是否在复制时使用对齐功能。

打开一幅图像。选择"仿制图章工具" ，将鼠标指针放置在图像中需要复制的位置，按住 Alt 键，鼠标指针变为圆形十字图标 ，如图 5-48 所示，单击确定取样点，松开 Alt 键。在适当的位置拖曳鼠标复制出取样点的图像，效果如图 5-49 所示。

图 5-48   图 5-49

5.1.8 图案图章工具

选择"图案图章工具" ，或反复按 Shift+S 组合键选择图案图章工具，此时属性栏如图 5-50 所示。

图 5-50

打开一幅图像。在要定义为图案的图像上绘制选区，如图 5-51 所示。选择"编辑 > 定义图案"命令，弹出"图案名称"对话框，选项的设置如图 5-52 所示，单击"确定"按钮，定义选区中的图像为图案。

图 5-51   图 5-52

选择"图案图章工具" ，在属性栏中选择定义好的图案，如图 5-53 所示。按 Ctrl+D 组合键，取消选区。在适当的位置拖曳鼠标添加定义好的图案，效果如图 5-54 所示。

图 5-53   图 5-54

5.1.9 颜色替换工具

颜色替换工具用于替换图像中的特定颜色，可以使用校正颜色在目标区域上绘画。颜色替换工具不适用于"位图""索引"或"多通道"颜色模式的图像。

选择"颜色替换工具" ，此时属性栏如图 5-55 所示。

图 5-55

打开一幅图像，如图 5-56 所示。在"颜色"控制面板中设置前景色，如图 5-57 所示。在"色板"控制面板中单击"创建前景色的新色板"按钮 ，弹出对话框，单击"确定"按钮，将设置的前景色存放在"色板"控制面板中，如图 5-58 所示。

选择"颜色替换工具" ，在属性栏中进行设置，如图 5-59 所示。在图像中需要上色的区域直接拖曳鼠标进行上色，效果如图 5-60 所示。

图 5-56

图 5-57

图 5-58

图 5-59

图 5-60

5.2 修饰工具的使用

修饰工具用于对图像进行修饰，使图像产生不同的效果。

5.2.1 课堂案例——为茶具添加水墨画

【案例学习目标】学习使用修饰工具为茶具添加水墨画。

【案例知识要点】使用减淡工具、加深工具和模糊工具为茶具添加水墨画，最终效果如图 5-61 所示。

图 5-61

【效果所在位置】Ch05/ 效果 / 为茶具添加水墨画 .psd。

（1）按 Ctrl+O 组合键，打开云盘中的"Ch05 > 素材 > 为茶具添加水墨画 > 01、02"文件。选择"01"图像窗口，选择"钢笔工具" ，在属性栏中将"选择工具模式"选项设为"路径"，在图像窗口中沿着茶壶轮廓绘制路径，如图 5-62 所示。

（2）按 Ctrl+Enter 组合键，将路径转换为选区，如图 5-63 所示。按 Ctrl+J 组合键，复制选区中的图像，"图层"控制面板中生成新的图层，将其重命名为"茶壶"，如图 5-64 所示。

图 5-62 　　　　　　　　　　　图 5-63 　　　　　　　　　　　图 5-64

（3）选择"移动工具" ⊕，将"02"图像拖曳到"01"图像窗口中适当的位置，如图 5-65 所示。"图层"控制面板中生成新的图层，将其重命名为"水墨画"。在"图层"控制面板上方，将该图层的混合模式设为"正片叠底"，如图 5-66 所示，图像效果如图 5-67 所示。按 Alt+Ctrl+G 组合键，为图层创建剪切蒙版，图像效果如图 5-68 所示。

图 5-65 　　　　　　　图 5-66 　　　　　　　图 5-67 　　　　　　　图 5-68

（4）选择"减淡工具" ◢，在属性栏中单击"画笔"选项，在弹出的画笔选择面板中选择需要的画笔形状，选项的设置如图 5-69 所示。在图像窗口中拖曳鼠标进行涂抹，弱化水墨画边缘，效果如图 5-70 所示。

图 5-69 　　　　　　　　　　　　　　　　　图 5-70

（5）选择"加深工具" ◣，在属性栏中单击"画笔"选项，在弹出的画笔选择面板中选择需要的画笔形状，选项的设置如图 5-71 所示。在图像窗口中拖曳鼠标进行涂抹，调暗水墨画暗部，图像效果如图 5-72 所示。

图 5-71

图 5-72

（6）选择"模糊工具" ，在属性栏中单击"画笔"选项，在弹出的画笔选择面板中选择需要的画笔形状，选项的设置如图 5-73 所示。在图像窗口中拖曳鼠标模糊图像，效果如图 5-74 所示。为茶具添加水墨画的操作完成。

图 5-73

图 5-74

5.2.2　模糊工具

选择"模糊工具" ，此时属性栏如图 5-75 所示。

图 5-75

强度：用于设定压力的大小。对所有图层取样：用于确定模糊工具是否对所有可见图层起作用。

打开一幅图像。选择"模糊工具" ，在属性栏中进行设置，如图 5-76 所示。在图像窗口中拖曳鼠标使图像产生模糊效果。原图像和模糊后的图像如图 5-77 所示。

图 5-76

原图像　　　　　　　　　　模糊后的图像

图 5-77

5.2.3　锐化工具

选择"锐化工具" △ ，此时属性栏如图 5-78 所示。

图 5-78

打开一幅图像。选择"锐化工具" △ ，在属性栏中进行设置，如图 5-79 所示。在图像窗口中拖曳鼠标使图像产生锐化效果。原图像和锐化后的图像如图 5-80 所示。

图 5-79

原图像　　　　　　　　　　　锐化后的图像

图 5-80

5.2.4　涂抹工具

选择"涂抹工具" ，此时属性栏如图 5-81 所示。

图 5-81

手指绘画：用于设定是否按前景色进行涂抹。

打开一幅图像。选择"涂抹工具" ，在属性栏中进行设置，如图 5-82 所示。在图像窗口中拖曳鼠标使图像产生涂抹效果。原图像和涂抹后的图像如图 5-83 所示。

图 5-82

原图像　　　　　　　　　　　涂抹后的图像

图 5-83

5.2.5　减淡工具

选择"减淡工具" ，或反复按 Shift+O 组合键选择减淡工具，此时属性栏如图 5-84 所示。

图 5-84

范围：用于设定图像中要提高亮度的区域。曝光度：用于设定曝光的强度。

打开一幅图像。选择"减淡工具" ，在属性栏中进行设置，如图 5-85 所示。在图像窗口中拖曳鼠标使图像产生减淡效果。原图像和减淡后的图像如图 5-86 所示。

图 5-85

原图像   减淡后的图像

图 5-86

5.2.6　加深工具

选择"加深工具" ，或反复按 Shift+O 组合键选择加深工具，此时属性栏如图 5-87 所示。

图 5-87

打开一幅图像。选择"加深工具" ，在属性栏中进行设置，如图 5-88 所示。在图像窗口中拖曳鼠标使图像产生加深效果。原图像和加深后的图像如图 5-89 所示。

图 5-88

原图像   加深后的图像

图 5-89

5.2.7　海绵工具

选择"海绵工具" ，或反复按 Shift+O 组合键选择海绵工具，此时属性栏如图 5-90 所示。

图 5-90

打开一幅图像。选择"海绵工具" ，在属性栏中进行设置，如图 5-91 所示。在图像窗口中拖曳鼠标增加图像的颜色饱和度。原图像和调整后的图像如图 5-92 所示。

图 5-91

原图像　　　　　　　　　调整后的图像

图 5-92

5.3　擦除工具的使用

擦除工具用于擦除指定图像的颜色，或擦除颜色相近区域中的图像。

5.3.1　课堂案例——制作头戴式耳机海报

【案例学习目标】学习使用擦除工具擦除多余的图像。

【案例知识要点】使用渐变工具制作背景，使用移动工具调整素材位置，使用橡皮擦工具擦除不需要的文字，最终效果如图 5-93 所示。

微课视频　　　　　扩展案例

制作头戴式　　　　制作头戴式
耳机海报　　　　　耳机海报（扩展）

图 5-93

【效果所在位置】Ch05/ 效果 / 制作头戴式耳机海报 .psd。

（1）按 Ctrl+N 组合键，弹出"新建文档"对话框，设置"宽度"为 1 920 像素，"高度"为 900 像素，"分辨率"为 72 像素 / 英寸，"颜色模式"为"RGB 颜色"，"背景内容"为"白色"，单击"创建"按钮，新建一个文件。

（2）选择"渐变工具" ，单击属性栏中的"点按可编辑渐变"按钮 ，弹出"渐变编辑器"对话框。在"位置"选项的数值框中分别输入 0、28、74、100，并分别设置这 4 个位置点颜色的 RGB 值为（164、28、78）、（54、15、55）、（41、49、149）、（12、36、112），其他选项的设置如图 5-94 所示，单击"确定"按钮。在图像窗口中由左至右拖曳鼠标填充渐变色，效果如图 5-95 所示。

图 5-94

图 5-95

（3）按 Ctrl+O 组合键，打开云盘中的"Ch05 > 素材 > 制作头戴式耳机海报 > 01"文件。选择"移动工具" ⊕，将"01"图像拖曳到新建文件的图像窗口中适当的位置，"图层"控制面板中生成新的图层，将其重命名为"音效"。在"图层"控制面板上方，将该图层的混合模式设为"叠加"，如图 5-96 所示，图像效果如图 5-97 所示。

（4）按 Ctrl+O 组合键，打开云盘中的"Ch05 > 素材 > 制作头戴式耳机海报 > 02"文件。选择"移动工具" ⊕，将"02"图像拖曳到新建文件的图像窗口中适当的位置，如图 5-98 所示。"图层"控制面板中生成新的图层，将其重命名为"耳机"。

图 5-96

图 5-97

（5）选择"横排文字工具" T，在图像窗口中输入需要的文字并选取文字，"图层"控制面板中生成新的文字图层。按 Ctrl+T 组合键，弹出"字符"控制面板，将"颜色"选项设为白色，其他选项的设置如图 5-99 所示。按 Enter 键确定操作，图像效果如图 5-100 所示。

图 5-98

图 5-99

图 5-100

（6）按 Ctrl+T 组合键，文字周围出现变换框，按住 Ctrl 键的同时，拖曳左上角的控制手柄到适当的位置，效果如图 5-101 所示，按 Enter 键确定操作。在"图层"控制面板中的"MUSIC"图层上单击鼠标右键，在弹出的快捷菜单中选择"栅格化文字"命令，将文字图层转换为图像图层，如图 5-102 所示。保持"MUSIC"图层的选取状态，按住 Ctrl 键的同时，单击"耳机"图层的缩览图，图像周围生成选区，如图 5-103 所示。

图 5-101	图 5-102	图 5-103

（7）选择"橡皮擦工具" ，在属性栏中单击"画笔"选项，在弹出的画笔选择面板中选择需要的画笔形状，其他选项的设置如图 5-104 所示。在图像窗口中拖曳鼠标擦除不需要的部分，效果如图 5-105 所示。按 Ctrl+D 组合键，取消选区。

（8）按 Ctrl+O 组合键，打开云盘中的"Ch05 > 素材 > 制作头戴式耳机海报 > 03"文件。选择"移动工具" ，将"03"图像拖曳到新建文件的图像窗口中适当的位置，效果如图 5-106 所示。"图层"控制面板中生成新的图层，将其重命名为"文字"。头戴式耳机海报制作完成。

图 5-104	图 5-105	图 5-106

5.3.2　橡皮擦工具

选择"橡皮擦工具" ，或反复按 Shift+E 组合键选择橡皮擦工具，此时属性栏如图 5-107 所示。

图 5-107

抹到历史记录：用于设定以"历史记录"控制面板中确定的图像状态来擦除图像。

打开一幅图像。选择"橡皮擦工具" ，在图像窗口中拖曳鼠标，可以擦除图像。当图层为背景图层或锁定了透明区域的图层时，擦除的图像区域显示为背景色，效果如图 5-108 所示。当图层为普通图层时，擦除的图像区域为透明效果，如图 5-109 所示。

图 5-108	图 5-109

5.3.3　背景橡皮擦工具

选择"背景橡皮擦工具" ，或反复按 Shift+E 组合键选择背景橡皮擦工具，此时属性栏如图 5-110 所示。

图 5-110

限制：用于选择擦除界限。容差：用于设定容差值。保护前景色：用于保护前景色不被擦除。

打开一幅图像。选择"背景橡皮擦工具" ，在属性栏中进行设置，如图 5-111 所示。在图像窗口中拖曳鼠标擦除图像，擦除前后的对比效果如图 5-112 和图 5-113 所示。

图 5-111

图 5-112　　　　　　　　　　　　　　　　图 5-113

5.3.4　魔术橡皮擦工具

选择"魔术橡皮擦工具" ，或反复按 Shift+E 组合键选择魔术橡皮擦工具，此时属性栏如图 5-114 所示。

连续：用于擦除当前图层中连续的像素。对所有图层取样：用于设置所有图层中待擦除的区域。

打开一幅图像。选择"魔术橡皮擦工具" ，保持属性栏中的选项为默认值，在图像窗口中拖曳鼠标擦除图像，效果如图 5-115 所示。

图 5-114　　　　　　　　　　　　　　　　图 5-115

课堂练习——清除照片中的涂鸦

【练习知识要点】使用修复画笔工具清除照片中的涂鸦，最终效果如图 5-116 所示。
【效果所在位置】Ch05/ 效果 / 清除照片中的涂鸦 .psd。

课堂练习

清除照片中的
涂鸦

图 5-116

 课后习题——制作美妆教学类公众号封面首图

【习题知识要点】使用缩放工具调整图像大小，使用仿制图章工具清除碎发，使用加深工具修饰头发和嘴唇，使用减淡工具修饰脸部，最终效果如图 5-117 所示。

【效果所在位置】Ch05/ 效果 / 制作美妆教学类公众号封面首图 .psd。

课后习题

制作美妆教学类
公众号封面首图

图 5-117

06

第 6 章
编辑图像

本章介绍

　　本章主要介绍在 Photoshop 中编辑图像的基础方法，包括编辑工具的使用、复制和删除图像、裁切图像、变换图像等内容。通过本章的学习，学习者可以了解并掌握图像的编辑方法和技巧，从而快速地应用工具和命令对图像进行适当的编辑与调整。

学习目标

- 熟练掌握编辑工具的使用方法。
- 掌握复制图像和删除图像的技巧。
- 掌握裁切图像和变换图像的技巧。

技能目标

- 掌握"装饰画"的制作方法。
- 掌握"音量调节器"的制作方法。
- 掌握"为产品添加标识"的方法。

素养目标

- 培养能按计划完成任务的执行力。
- 培养能够正确理解他人意见和观点的沟通能力。
- 培养主动探究、积极思考的学习意识。

6.1　编辑工具的使用

使用编辑工具对图像进行编辑和整理，可以提高编辑和处理图像的效率。

6.1.1　课堂案例——制作装饰画

【案例学习目标】学习使用注释工具制作出需要的效果。

【案例知识要点】使用曲线和色相 / 饱和度调整图层为图像调色，使用椭圆工具和图层样式制作蒙版区域，使用注释工具为装饰画添加注释，最终效果如图 6-1 所示。

微课视频　　　　　　　扩展案例

制作装饰画　　　　　　制作山水装饰画

图 6-1

【效果所在位置】Ch06/ 效果 / 制作装饰画 .psd。

（1）按 Ctrl+O 组合键，打开云盘中的"Ch06 > 素材 > 制作装饰画 > 01"文件，如图 6-2 所示。将"背景"图层拖曳到"图层"控制面板下方的"创建新图层"按钮 上进行复制，生成新的图层"背景 拷贝"，如图 6-3 所示。

图 6-2

图 6-3

（2）单击"图层"控制面板下方的"创建新的填充或调整图层"按钮 ，在弹出的菜单中选择"曲线"命令。"图层"控制面板中生成"曲线 1"图层，同时弹出曲线的"属性"控制面板，在曲线上单击添加控制点，将"输入"选项设为 101，"输出"选项设为 119，如图 6-4 所示；再次在曲线上单击添加控制点，将"输入"选项设为 75，"输出"选项设为 86，如图 6-5 所示。按 Enter 键确定操作，效果如图 6-6 所示。

（3）选择"椭圆工具" ，将属性栏中的"选择工具模式"选项设为"形状"，"填充"颜色设为白色，按住 Shift 键的同时，在图像窗口中绘制圆形，图像效果如图 6-7 所示。

（4）单击"图层"控制面板下方的"添加图层样式"按钮 ，在弹出的菜单中选择"内阴影"命令，在弹出的对话框中进行设置，如图 6-8 所示，单击"确定"按钮，图像效果如图 6-9 所示。

图 6-4　　　　　　　　　　　　图 6-5

图 6-6　　　　　　　　　　　　图 6-7

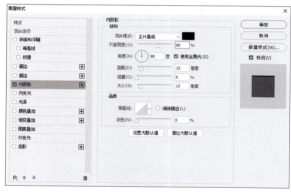

图 6-8　　　　　　　　　　　　图 6-9

（5）按 Ctrl+O 组合键，打开云盘中的"Ch06 > 素材 > 制作装饰画 > 02"文件。选择"移动工具"，将"02"图像拖曳到"01"图像窗口中适当的位置，如图 6-10 所示。"图层"控制面板中生成新的图层，将其重命名为"画"。按 Alt+Ctrl+G 组合键，创建剪贴蒙版，图像效果如图 6-11 所示。

图 6-10　　　　　　　　　　　　图 6-11

（6）单击"图层"控制面板下方的"创建新的填充或调整图层"按钮 ●，在弹出的菜单中选择"色相 / 饱和度"命令。"图层"控制面板中生成"色相 / 饱和度 1"图层，在弹出的色相 / 饱和度的"属性"控制面板中进行设置，如图 6-12 所示。按 Enter 键确定操作，图像效果如图 6-13 所示。

图 6-12

图 6-13

（7）单击"图层"控制面板下方的"创建新的填充或调整图层"按钮 ●，在弹出的菜单中选择"曲线"命令。"图层"控制面板中生成"曲线 2"图层，同时弹出曲线的"属性"控制面板，在曲线上单击添加控制点，将"输入"选项设为 63，"输出"选项设为 65，如图 6-14 所示；再次在曲线上单击添加控制点，将"输入"选项设为 193，"输出"选项设为 221，如图 6-15 所示。按Enter 键确定操作，图像效果如图 6-16 所示。

图 6-14

图 6-15

图 6-16

（8）按 Ctrl+O 组合键，打开云盘中的"Ch06 > 素材 > 制作装饰画 > 03"文件。选择"移动工具" ⊕，将"03"图像拖曳到"01"图像窗口中适当的位置，如图 6-17 所示。"图层"控制面板中生成新的图层，将其重命名为"植物"。

（9）选择"注释工具" ▣，在图像窗口中单击，弹出"注释"控制面板，在面板中输入文字，如图 6-18 所示。装饰画制作完成。

图 6-17

图 6-18

6.1.2 注释工具

注释工具用于在图像中添加注释。

选择"注释工具" ，或反复按 Shift+I 组合键选择注释工具，此时属性栏如图 6-19 所示。

图 6-19

作者：用于输入作者姓名。颜色：用于设置注释窗口的颜色。 ：用于清除所有注释。显示或隐藏注释面板 ：用于打开"注释"控制面板，编辑注释。

6.1.3 标尺工具

选择"标尺工具" ，或反复按 Shift+I 组合键选择标尺工具，此时属性栏如图 6-20 所示。

图 6-20

X/Y：起始位置坐标。W/H：在 x 轴和 y 轴上移动的水平距离和垂直距离。A：相对于任意坐标轴偏离的角度。L1：两点间的距离。L2：绘制角度时另一条测量线的长度。使用测量比例：勾选此复选框，可以使用测量比例计算标尺工具数据。 ：用于拉直图层使标尺水平。 ：用于清除测量线。

6.2 图像的复制和删除

在 Photoshop 中，可以非常便捷地复制和删除图像。

6.2.1 课堂案例——制作音量调节器

【案例学习目标】学习使用"复制"命令复制图像。

【案例知识要点】使用椭圆选框工具和"复制"命令制作音量调节器，最终效果如图 6-21 所示。

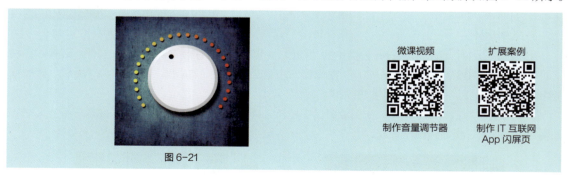

微课视频

扩展案例

制作音量调节器

制作 IT 互联网
App 闪屏页

图 6-21

【效果所在位置】Ch06/ 效果 / 制作音量调节器 .psd。

（1）按 Ctrl + O 组合键，打开云盘中的"Ch06 > 素材 > 制作音量调节器 > 01"文件，如图 6-22 所示。新建一个图层并将其命名为"圆"。选择"椭圆选框工具" ，按住 Shift 键的同时，在图像窗口中绘制一个圆形选区，图像效果如图 6-23 所示。

图 6-22　　　　　　　　　　　　　　　　图 6-23

（2）选择"渐变工具" ，单击属性栏中的"点按可编辑渐变"按钮 ，弹出"渐变编辑器"对话框，在"位置"选项的数值框中分别输入 0、100，分别设置这两个位置点颜色的 RGB 值为（196、196、196）、（255、255、255），其他选项的设置如图 6-24 所示，单击"确定"按钮。选中属性栏中的"径向渐变"按钮 ，在选区中从右下角至左上角拖曳鼠标，填充渐变色，效果如图 6-25 所示。按 Ctrl+D 组合键，取消选区。

图 6-24　　　　　　　　　　　　　　　　图 6-25

（3）单击"图层"控制面板下方的"添加图层样式"按钮 ，在弹出的菜单中选择"投影"命令，在弹出的对话框中进行设置，如图 6-26 所示，单击"确定"按钮，效果如图 6-27 所示。

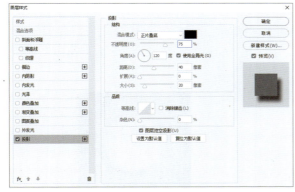

图 6-26　　　　　　　　　　　　　　　　图 6-27

（4）将"圆"图层拖曳到"图层"控制面板下方的"创建新图层"按钮 上进行复制，生成新的图层并将其重命名为"圆 2"。按 Ctrl+T 组合键，图像周围出现变换框，按住 Alt 键的同时，向内拖曳右上角的控制手柄，等比例缩小图像，按 Enter 键确定操作。在"圆 2"图层上单击鼠标右键，在弹出的快捷菜单中选择"删除图层样式"命令，删除图层样式，"图层"控制面板如图 6-28 所示。

（5）将前景色设为灰白色（240、240、240）。按住 Ctrl 键的同时，单击"圆 2"图层的缩览图，图像周围生成选区，如图 6-29 所示。按 Alt+Delete 组合键，用前景色填充选区。按 Ctrl+D 组合键，取消选区，图像效果如图 6-30 所示。

（6）新建一个图层并将其命名为"圆 3"。将前景色设为黑色。选择"椭圆选框工具" ⭕，按住 Shift 键的同时，在图像窗口中绘制一个圆形选区。按 Alt+Delete 组合键，用前景色填充选区。按 Ctrl+D 组合键，取消选区，效果如图 6-31 所示。

图 6-28

图 6-29

图 6-30

（7）新建一个图层"图层 1"。将前景色设为白色。选择"椭圆选框工具" ⭕，按住 Shift 键的同时，在图像窗口中绘制一个圆形选区。按 Alt+Delete 组合键，用前景色填充选区。按 Ctrl+D 组合键，取消选区，效果如图 6-32 所示。按 Ctrl+J 组合键，复制图层，"图层"控制面板中生成新的图层"图层 1 拷贝"。

图 6-31

图 6-32

（8）按 Alt+Ctrl+T 组合键，图像周围出现变换框。在属性栏中勾选"切换参考点"选项，显示中心点。按住 Alt 键的同时，拖曳中心点到适当的位置，如图 6-33 所示。在属性栏中将"旋转"选项设置为 10.8 度，按 Enter 键确定操作。按 Alt+Shift+Ctrl+T 组合键，复制出多个图形，效果如图 6-34 所示。"图层"控制面板中生成多个新的图层。

图 6-33

图 6-34

（9）选中"图层 1"，按住 Shift 键的同时，单击"图层 1 拷贝 23"图层，将两个图层及其之间的所有图层同时选中，如图 6-35 所示。按 Ctrl+E 组合键，合并图层并将其重命名为"点"，如图 6-36 所示。

（10）单击"图层"控制面板下方的"添加图层样式"按钮 *fx.*，在弹出的菜单中选择"渐变叠加"命令，在弹出的对话框中单击"渐变"选项右侧的"点按可编辑渐变"按钮，弹出"渐变编辑器"对话框，在"位置"选项的数值框中分别输入 0、100，分别设置这两个位置点颜色的 RGB 值为（230、0、18）、（255、241、0），如图 6-37 所示。

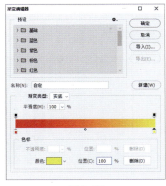

图 6-35　　　　　　　　图 6-36　　　　　　　　　　图 6-37

（11）单击"确定"按钮。返回"图层样式"对话框，其他选项的设置如图 6-38 所示。勾选"外发光"复选框，切换到相应的对话框，将发光颜色设为黑色，其他选项的设置如图 6-39 所示。

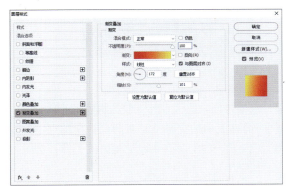

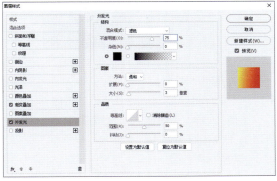

图 6-38　　　　　　　　　　　　　　　　　图 6-39

（12）勾选"投影"复选框，切换到相应的对话框，选项的设置如图 6-40 所示，单击"确定"按钮，图像效果如图 6-41 所示。音量调节器制作完成。

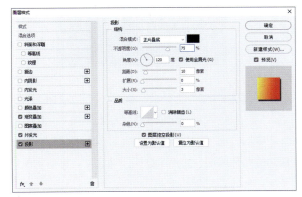

图 6-40　　　　　　　　　　　　　　　图 6-41

6.2.2　图像的复制

要在操作过程中随时按需要复制图像，就必须掌握复制图像的方法。

打开一幅图像。选择"磁性套索工具" ，绘制出要复制的图像区域，如图 6-42 所示。选择"移动工具" ，将鼠标指针放在选区中，鼠标指针变为 图标，如图 6-43 所示。按住 Alt 键，鼠标指针变为 图标，如图 6-44 所示。拖曳选区中的图像到适当的位置，释放鼠标左键和 Alt 键，图像复制完成，效果如图 6-45 所示。

图 6-42

图 6-43

图 6-44

图 6-45

在要复制的图像上绘制选区，如图 6-42 所示。选择"编辑 > 拷贝"命令或按 Ctrl+C 组合键，将选区中的图像复制。这时屏幕上的图像并没有变化，但系统已将选区中的图像复制到了剪贴板中。

选择"编辑 > 粘贴"命令或按 Ctrl+V 组合键，将剪贴板中的图像粘贴在图像的新图层中，复制出的图像在原图像上，如图 6-46 所示。选择"移动工具" ，可以移动复制出的图像，效果如图 6-47 所示。

图 6-46

图 6-47

在要复制的图像上绘制选区，如图 6-42 所示。按住 Ctrl+J 组合键，复制选区中的图像，"图层"控制面板如图 6-48 所示。选择"移动工具" ，可以移动复制出的图像，效果如图 6-49 所示。

提示

在复制图像前，要选择将要复制的图像区域；如果不选择图像区域，将不能复制图像。

图 6-48   图 6-49

6.2.3　图像的删除

在要删除的图像上绘制选区，如图 6-50 所示。选择"编辑 > 清除"命令，将选区中的图像删除，效果如图 6-51 所示。按 Ctrl+D 组合键，取消选区。

图 6-50   图 6-51

在要删除的图像上绘制选区，按 Delete 键或 Backspace 键，可以将选区中的图像删除，删除后的图像区域由背景色填充。如果在某一图层中，删除后的图像区域将显示下面一层的图像。按 Alt+Delete 组合键或 Alt+Backspace 组合键，也可以将选区中的图像删除，删除后的图像区域由前景色填充。

6.3　图像的裁切和变换

通过裁切和变换图像，可以设计和制作出丰富多变的图像效果。

6.3.1　课堂案例——为产品添加标识

【案例学习目标】学习使用自定形状工具、"转换为智能对象"命令和"变换"命令添加标识。

【案例知识要点】使用自定形状工具、"转换为智能对象"命令和"变换"命令添加标识，使用图层样式制作标识的投影，最终效果如图 6-52 所示。

图 6-52

微课视频

为产品添加标识

扩展案例

制作房屋地产类
公众号信息图

【效果所在位置】Ch06/ 效果 / 为产品添加标识 .psd。

（1）按 Ctrl+N 组合键，弹出"新建文档"对话框，设置"宽度"为 800 像素，"高度"为 800 像素，"分辨率"为 72 像素 / 英寸，"颜色模式"为"RGB 颜色"，"背景内容"为"白色"，单击"创建"按钮，新建一个文件。

（2）按 Ctrl+O 组合键，打开云盘中的"Ch06 > 素材 > 为产品添加标识 > 01"文件。选择"移动工具" ，将"01"图像拖曳到新建的图像窗口中适当的位置并调整大小，如图 6-53 所示。"图层"控制面板中生成新的图层，将其重命名为"产品"。

（3）选择"窗口 > 形状"命令，弹出"形状"控制面板。单击"形状"控制面板右上方的 图标，弹出面板菜单，选择"旧版形状及其他"命令添加旧版形状，如图 6-54 所示。

图 6-53

图 6-54

（4）选择"自定形状工具" ，单击属性栏中"形状"选项右侧的 按钮，弹出形状面板，选择"旧版形状及其他 > 所有旧版默认形状 > 旧版默认形状"中需要的图形，如图 6-55 所示。在属性栏中将"选择工具模式"选项设为"形状"，在图像窗口中适当的位置绘制图形，如图 6-56 所示。"图层"控制面板中生成新的形状图层，将其重命名为"标识"。

图 6-55

图 6-56

（5）在"标识"图层上单击鼠标右键，在弹出的快捷菜单中选择"转换为智能对象"命令，将形状图层转换为智能对象图层，如图 6-57 所示。按 Ctrl+T 组合键，图像周围出现变换框，在变换框中单击鼠标右键，在弹出的快捷菜单中选择"变形"命令，拖曳控制手柄调整形状。按 Enter 键确定操作，效果如图 6-58 所示。

图 6-57

图 6-58

（6）双击"标识"图层的缩览图，将智能对象在新图像窗口中打开，如图 6-59 所示。按 Ctrl+O 组合键，打开云盘中的"Ch06 > 素材 > 为产品添加标识 > 02"文件。选择"移动工具" ，将"02"图像拖曳到标识图像窗口中适当的位置并调整大小，图像效果如图 6-60 所示。

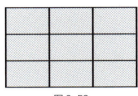

图 6-59

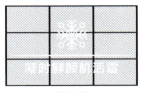

图 6-60

（7）单击"标识"图层左侧的眼睛图标 ，隐藏该图层，如图 6-61 所示。按 Ctrl+S 组合键存储图像，关闭文件。返回新建文件的图像窗口中，图像效果如图 6-62 所示。

图 6-61

图 6-62

（8）单击"图层"控制面板下方的"添加图层样式"按钮 ，在弹出的菜单中选择"投影"命令，弹出"图层样式"对话框，选项的设置如图 6-63 所示，单击"确定"按钮，图像效果如图 6-64 所示。

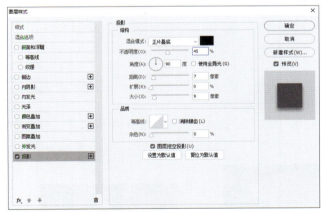

图 6-63

图 6-64

（9）按 Ctrl + O 组合键，打开云盘中的"Ch06 > 素材 > 为产品添加标识 > 03"文件。选择"移动工具" ，将"03"图像拖曳到新建文件的图像窗口中适当的位置，如图 6-65 所示。"图层"控制面板中生成新的图层，将其重命名为"边框"，如图 6-66 所示。为产品添加标识的操作完成。

图 6-65　　　　　　　　　　　　　　　　图 6-66

6.3.2　图像的裁切

若图像中有大面积的纯色区域或透明区域，可以使用"裁切"命令对其进行操作。

打开一幅图像，如图 6-67 所示。选择"图像 > 裁切"命令，在弹出的对话框中进行设置，如图 6-68 所示，单击"确定"按钮，效果如图 6-69 所示。

图 6-67　　　　　　　　　　图 6-68　　　　　　　　　　图 6-69

透明像素：若当前图像的多余区域是透明的，则选中此单选项。左上角像素颜色：若选中此单选项，则根据图像左上角的像素颜色来确定裁切的颜色范围。右下角像素颜色：若选中此单选项，则根据图像右下角的像素颜色来确定裁切的颜色范围。裁切：用于设置裁切的区域。

6.3.3　图像的变换

打开一幅图像。选择"图像 > 图像旋转"命令，其子菜单如图 6-70 所示。原图像与应用不同变换命令后的图像效果如图 6-71 所示。

选择"任意角度"命令，弹出"旋转画布"对话框，选项的设置如图 6-72 所示，单击"确定"按钮，图像的旋转效果如图 6-73 所示。

图 6-70

原图像　　　　　　　　　　180 度　　　　　　　　　顺时针 90 度

图 6-71

逆时针 90 度 　　　　　　水平翻转画布 　　　　　　垂直翻转画布

图 6-71（续）

图 6-72 　　　　　　　　　　　　　　　　　图 6-73

6.3.4　选区的变换

在操作过程中可以根据设计和制作的需要变换已经绘制好的选区。

打开一幅图像。选择"矩形选框工具" ，在要变换的图像上绘制选区。选择"编辑 > 自由变换"或"变换"命令，其子菜单如图 6-74 所示。原图像与应用不同变换命令后的图像效果如图 6-75 所示。

提示

在要变换的图像上绘制选区。按 Ctrl+T 组合键，选区周围出现变换框，拖曳变换框的控制手柄，可以自由缩放图像；按住 Shift 键的同时，可以等比例缩放图像；将鼠标指针放在控制手柄外边，鼠标指针变为旋转图标 ，拖曳鼠标可以旋转图像；按住 Ctrl 键的同时，可以使图像任意变形；按住 Alt 键的同时，可以使图像对称变形；按住 Shift+Ctrl 组合键的同时，可以使图像斜切变形；按住 Alt+Shift+Ctrl 组合键的同时，可以使图像透视变形。

| 再次(A)　Shift+Ctrl+T |
| 缩放(S) |
| 旋转(R) |
| 斜切(K) |
| 扭曲(D) |
| 透视(P) |
| 变形(W) |
| 旋转 180 度(1) |
| 顺时针旋转 90 度(9) |
| 逆时针旋转 90 度(0) |
| 水平翻转(H) |
| 垂直翻转(V) |

图 6-74

原图像 　　　　　　　　　　缩放 　　　　　　　　　　旋转

图 6-75

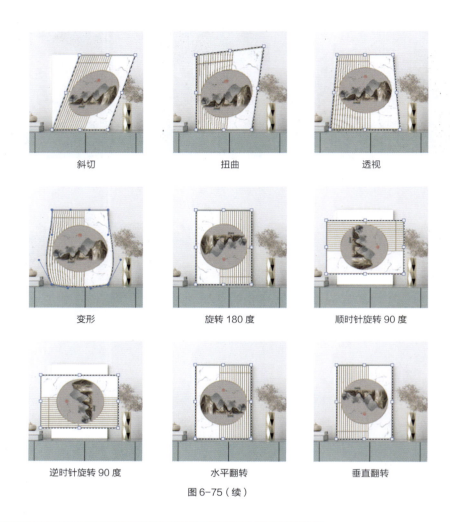

斜切　　　　　　　　　扭曲　　　　　　　　　透视

变形　　　　　　　　旋转 180 度　　　　　顺时针旋转 90 度

逆时针旋转 90 度　　　　水平翻转　　　　　　垂直翻转

图 6-75（续）

 ## 课堂练习——制作旅游公众号首图

【练习知识要点】使用标尺工具和拉直图层按钮校正倾斜图像，使用"色阶"命令调整图像颜色，使用横排文字工具添加文字信息，最终效果如图 6-76 所示。

【效果所在位置】Ch06/ 效果 / 制作旅游公众号首图 .psd。

图 6-76

课堂练习

制作旅游
公众号首图

课后习题——制作房地产类公众号信息图

【习题知识要点】使用"裁切"命令裁切图像，使用移动工具添加图像，最终效果如图 6-77 所示。

【效果所在位置】Ch06/ 效果 / 制作房地产类公众号信息图 .psd。

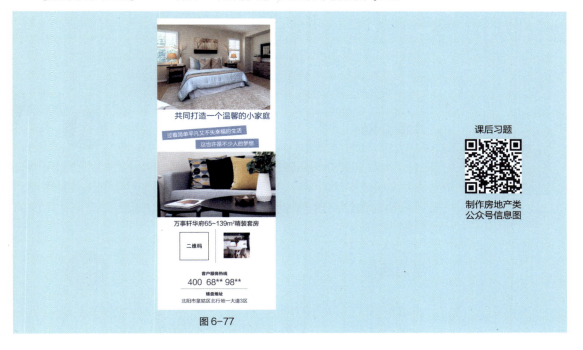

图 6-77

课后习题

制作房地产类
公众号信息图

07

第 7 章
绘制图形与路径

本章介绍

　　本章主要介绍图形的绘制与应用技巧，以及路径的绘制与编辑方法。通过本章的学习，学习者可以应用绘图工具绘制出各种图形，还可快速地绘制所需路径并对路径进行编辑，从而提高制作图像的效率。

学习目标

✓ 熟练掌握绘制图形的技巧。
✓ 熟练掌握绘制、编辑和转换路径的方法。
✓ 了解 3D 模型的创建方法和 3D 工具的使用技巧。

技能目标

✓ 掌握"箱包类促销 Banner"的制作方法。
✓ 掌握"箱包 App 主页 Banner"的制作方法。
✓ 掌握"食物宣传卡"的制作方法。

素养目标

✓ 培养兢兢业业和持之以恒的品质。
✓ 培养能够不断实践和探索专业知识的能力。
✓ 培养善于观察和独立思考的能力。

7.1　图形的绘制

使月绘图工具不仅可以绘制出标准的几何图形，还可以绘制出自定义的图形。

7.1.1　课堂案例——制作箱包类促销 Banner

【案例学习目标】学习使用绘图工具绘制图形，使用移动工具和"复制"命令调整图形。

【案例知识要点】使用圆角矩形工具绘制箱体，使用直接选择工具调整锚点，使用矩形工具和椭圆工具绘制拉杆和滑轮，使用多边形工具和自定形状工具绘制装饰图形，使用路径选择工具选取图形，最终效果如图 7-1 所示。

微课视频　　扩展案例

制作箱包类促销　　绘制家居装饰类
Banner　　　　公众号插画

图 7-1

【效果所在位置】Ch07/ 效果 / 制作箱包类促销 Banner.psd。

（1）按 Ctrl+N 组合键，弹出"新建文档"对话框，设置"宽度"为 900 像素，"高度"为 383 像素，"分辨率"为 72 像素 / 英寸，"颜色模式"为"RGB 颜色"，"背景内容"为"白色"，单击"创建'按钮，新建一个文件。

（2）按 Ctrl+O 组合键，打开云盘中的"Ch07 > 素材 > 制作箱包类促销 Banner > 01、02"文件。选择"移动工具" ⊕，将"01"和"02"图像分别拖曳到新建文件的图像窗口中适当的位置，效果如图 7-2 所示。"图层"控制面板中生成新的图层，将其重命名为"底图"和"文字"。

（3）选择"圆角矩形工具" ◻，将属性栏中的"选择工具模式"选项设为"形状"，"填充"颜色设为橙黄色（246、212、53），"半径"选项设为 20 像素，在图像窗口中拖曳鼠标绘制圆角矩形，效果如图 7-3 所示。"图层"控制面板中生成新的形状图层"圆角矩形 1"。

图 7-2

图 7-3

（4）选择"圆角矩形工具" ◻，在属性栏中将"半径"选项设为 6 像素，在图像窗口中拖曳鼠标绘制圆角矩形。在属性栏中将"填充"颜色设为灰色（122、120、133），效果如图 7-4 所示。"图层"控制面板中生成新的形状图层"圆角矩形 2"。

（5）选择"路径选择工具" ▶，选取新绘制的圆角矩形。按住 Alt+Shift 组合键的同时，水平向右拖曳圆角矩形到适当的位置，复制圆角矩形，效果如图 7-5 所示。按 Alt+Ctrl+G 组合键，创建剪贴蒙版，效果如图 7-6 所示。

（6）选择"圆角矩形工具" ⬛，在属性栏中将"半径"选项设置为 10 像素，在图像窗口中拖曳鼠标绘制圆角矩形。在属性栏中将"填充"颜色设为暗黄色（229、191、44），效果如图 7-7 所示。"图层"控制面板中生成新的形状图层"圆角矩形 3"。

图 7-4　　　　　　　　　　图 7-5　　　　　　　　　　图 7-6

（7）选择"路径选择工具" ▶，选取新绘制的圆角矩形。按住 Alt+Shift 组合键的同时，水平向右拖曳圆角矩形到适当的位置，复制圆角矩形，效果如图 7-8 所示。用相同的方法再复制出两个圆角矩形，效果如图 7-9 所示。

图 7-7　　　　　　　　　　图 7-8　　　　　　　　　　图 7-9

（8）选择"矩形工具" ⬛，在图像窗口中拖曳鼠标绘制矩形。在属性栏中将"填充"颜色设为灰色（122、120、133），效果如图 7-10 所示。"图层"控制面板中生成新的形状图层"矩形 1"。

（9）选择"直接选择工具" ▶，选取左上角的锚点，如图 7-11 所示。按住 Shift 键的同时，水平向右拖曳锚点到适当的位置，效果如图 7-12 所示。用相同的方法调整右上角的锚点，效果如图 7-13 所示。

图 7-10　　　　　　图 7-11　　　　　　图 7-12　　　　　　图 7-13

（10）选择"矩形工具" ⬛，在图像窗口中拖曳鼠标绘制矩形。在属性栏中将"填充"颜色设为浅灰色（217、218、222），效果如图 7-14 所示。"图层"控制面板中生成新的形状图层"矩形 2"。

（11）选择"路径选择工具" ▶，选取新绘制的矩形。按住 Alt+Shift 组合键的同时，水平向右拖曳矩形到适当的位置，复制矩形，效果如图 7-15 所示。

图 7-14

图 7-15

（12）选择"矩形工具" ⬜，在图像窗口中拖曳鼠标绘制矩形。在属性栏中将"填充"颜色设为暗灰色（85、84、88），效果如图 7-16 所示。"图层"控制面板中生成新的形状图层"矩形 3"。

（13）在图像窗口中再次绘制矩形，效果如图 7-17 所示。"图层"控制面板中生成新的形状图层"矩形 4"。选择"路径选择工具" ▶，选取新绘制的矩形。按住 Alt+Shift 组合键的同时，水平向右拖曳矩形到适当的位置，复制矩形，效果如图 7-18 所示。

图 7-16

图 7-17

图 7-18

（14）选择"矩形工具" ⬜，在图像窗口中拖曳鼠标绘制矩形，效果如图 7-19 所示。"图层"控制面板中生成新的形状图层"矩形 5"。选择"路径选择工具" ▶，选取新绘制的矩形。按住 Alt+Shift 组合键的同时，水平向右拖曳矩形到适当的位置，复制矩形，效果如图 7-20 所示。

图 7-19

图 7-20

（15）选择"椭圆工具" ⬭，按住 Shift 键的同时，在图像窗口中拖曳鼠标绘制圆形。在属性栏中将"填充"颜色设为深灰色（61、63、70），效果如图 7-21 所示。"图层"控制面板中生成新的形状图层"椭圆 1"。选择"路径选择工具" ▶，选取新绘制的圆形。按住 Alt+Shift 组合键的同时，水平向右拖曳圆形到适当的位置，复制圆形，效果如图 7-22 所示。

图 7-21

图 7-22

（16）选择"多边形工具" ⬡，在属性栏中将"边"选项设为 6，按住 Shift 键的同时，在图像窗口中拖曳鼠标绘制多边形。在属性栏中将"填充"颜色设为红色（227、93、62），效果如图 7-23 所示。"图层"控制面板中生成新的形状图层"多边形 1"。

（17）选择"路径选择工具" ▶，选取新绘制的多边形。按住 Alt+Shift 组合键的同时，水平向左拖曳多边形到适当的位置，复制多边形，效果如图 7-24 所示。

图 7-23　　　　　　　　　　　　图 7-24

（18）选择"自定形状工具" ，将属性栏中的"选择工具模式"选项设为"形状"，单击"形状"选项右侧的 按钮，弹出形状面板。选择需要的形状，如图 7-25 所示，在图像窗口中拖曳鼠标绘制形状。在属性栏中将"填充"颜色设为红色（227、93、62），效果如图 7-26 所示。"图层"控制面板中生成新的形状图层"形状 1"。

（19）选择"椭圆工具" ，按住 Shift 键的同时，在图像窗口中拖曳鼠标绘制圆形。在属性栏中将"填充"颜色设为橙黄色（246、212、53），填充圆形，效果如图 7-27 所示。"图层"控制面板中生成新的形状图层"椭圆 2"。

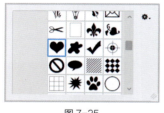

图 7-25　　　　　　　　　　图 7-26　　　　　　　　　　图 7-27

（20）选择"直线工具" ，在属性栏中将"粗细"选项设为 4 像素，按住 Shift 键的同时，在图像窗口中拖曳鼠标绘制直线段。在属性栏中将"填充"颜色设为咖啡色（182、167、145），效果如图 7-28 所示。"图层"控制面板中生成新的形状图层"形状 2"。

（21）用相同的方法再次绘制直线段，效果如图 7-29 所示。"图层"控制面板中生成新的形状图层"形状 3"。箱包类促销 Banner 制作完成，效果如图 7-30 所示。

图 7-28　　　　　　　图 7-29　　　　　　　　　　图 7-30

7.1.2　矩形工具

选择"矩形工具" ，或反复按 Shift+U 组合键选择矩形工具，此时属性栏如图 7-31 所示。

图 7-31

形状 ∨：用于选择工具的模式，包括形状、路径和像素。 ：用于设置矩形的填充颜色、描边颜色、描边宽度和描边类型。 ：用于设置矩形的宽度和高度。 ：用于设置路径的组合方式、对齐方式和排列方式。 ：用于设置所绘制矩形的形状。对齐边缘：若勾选此复选框，则可使边缘对齐。

打开一幅图像，如图 7-32 所示。在属性栏中将"填充"颜色设为白色，在图像窗口中绘制矩形，效果如图 7-33 所示，"图层"控制面板如图 7-34 所示。

图 7-32 图 7-33 图 7-34

7.1.3 圆角矩形工具

选择 "圆角矩形工具" ⬜，或反复按 Shift+U 组合键选择圆角矩形工具，此时属性栏如图 7-35 所示。圆角矩形工具属性栏中的内容与矩形工具属性栏类似，只增加了 "半径" 选项，用于设定圆角矩形的圆角半径，该数值越大，圆角越平滑。

图 7-35

打开一幅图像。在属性栏中将 "填充" 颜色设为白色，"半径" 选项设为 40 像素，在图像窗口中绘制圆角矩形，效果如图 7-36 所示，"图层" 控制面板如图 7-37 所示。

图 7-36 图 7-37

7.1.4 椭圆工具

选择 "椭圆工具" ⬭，或反复按 Shift+U 组合键选择椭圆工具，此时属性栏如图 7-38 所示。

图 7-38

打开一幅图像。在属性栏中将 "填充" 颜色设为白色，在图像窗口中绘制椭圆，效果如图 7-39 所示，"图层" 控制面板如图 7-40 所示。

图 7-39 图 7-40

7.1.5　多边形工具

选择"多边形工具"⬡，或反复按 Shift+U 组合键选择多边形工具，此时属性栏如图 7-41 所示。多边形工具属性栏中的内容与矩形工具属性栏类似，只增加了"边"选项，用于设定多边形的边数。

图 7-41

打开一幅图像。在属性栏中将"填充"颜色设为白色，单击 ⚙ 按钮，在弹出的面板中进行设置，如图 7-42 所示。在图像窗口中绘制星形，效果如图 7-43 所示，"图层"控制面板如图 7-44 所示。

图 7-42　　　　　　　　　　图 7-43　　　　　　　　　　图 7-44

7.1.6　直线工具

选择"直线工具"╱，或反复按 Shift+U 组合键选择直线工具，此时属性栏如图 7-45 所示。直线工具属性栏中的内容与矩形工具属性栏类似，只增加了"粗细"选项，用于设定直线的宽度。

图 7-45

单击属性栏中的 ⚙ 按钮，弹出的面板如图 7-46 所示。

起点：用于选择位于线段始端的箭头。终点：用于选择位于线段末端的箭头。宽度：用于设定箭头宽度和线段宽度的比值。长度：用于设定箭头长度和线段长度的比值。凹度：用于设定箭头凹凸的形状。

打开一幅图像，如图 7-47 所示。在属性栏中将"填充"颜色设为白色，在图像窗口中绘制不同的直线段，效果如图 7-48 所示，"图层"控制面板如图 7-49 所示。

图 7-46　　　　　　　　图 7-47　　　　　　　　图 7-48　　　　　　　　图 7-49

> **提示**
>
> 按住 Shift 键的同时，可以绘制水平直线段或垂直直线段。

7.1.7 自定形状工具

选择"自定形状工具" ，或反复按 Shift+U 组合键选择自定形状工具，此时属性栏如图 7-50 所示。自定形状工具属性栏中的内容与矩形工具属性栏中的内容类似，只增加了"形状"选项，用于选择所需的形状。

图 7-50

单击"形状"选项，弹出图 7-51 所示的形状面板，该面板中存储了可供选择的各种形状。

选择"窗口 > 形状"命令，弹出"形状"控制面板，如图 7-52 所示。单击"形状"控制面板右上方的 ≡ 图标，弹出面板菜单，如图 7-53 所示。选择"旧版形状及其他"命令可添加旧版形状，如图 7-54 所示。

图 7-51

图 7-52

打开一幅图像。选择"旧版形状及其他 > 所有旧版默认形状 > 艺术纹理"中需要的图形，如图 7-55 所示。在图像窗口中绘制形状图形，效果如图 7-56 所示，"图层"控制面板如图 7-57 所示。

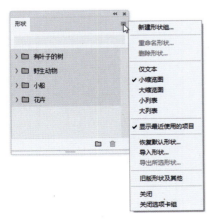

图 7-53

图 7-54

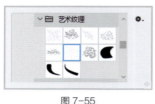

图 7-55   图 7-56   图 7-57

  选择"钢笔工具" ，在图像窗口中绘制并填充路径，如图 7-58 所示。选择"编辑 > 定义自定形状"命令，弹出"形状名称"对话框，在"名称"选项的文本框中输入自定形状的名称，如图 7-59 所示，单击"确定"按钮。"形状"选项的面板中将显示刚才定义的形状，如图 7-60 所示。

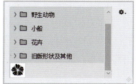

图 7-58   图 7-59   图 7-60

7.2   路径的绘制和编辑

  路径对于 Photoshop 用户来说是一个非常得力的助手。使用路径可以进行复杂图像的选取，可以存储选取的区域以备再次使用，还可以绘制线条平滑的优美图形。

7.2.1   课堂案例——制作箱包 App 主页 Banner

  【案例学习目标】学习使用不同的工具绘制并调整路径。

  【案例知识要点】使用钢笔工具、添加锚点工具和直接选择工具绘制路径，使用"选区和路径的转换"命令进行转换，使用移动工具添加包和文字，使用椭圆工具和"填充"命令制作包的投影，最终效果如图 7-61 所示。

微课视频   扩展案例

图 7-61

制作箱包 App   制作运动产品
主页 Banner   App 主页 Banner

  【效果所在位置】Ch07/ 效果 / 制作箱包 App 主页 Banner.psd。

  （1）按 Ctrl + O 组合键，打开云盘中的"Ch07 > 素材 > 制作箱包 App 主页 Banner > 01"文件，如图 7-62 所示。选择"钢笔工具" ，在属性栏中将"选择工具模式"选项设为"路径"，在图像窗口中沿着实物轮廓绘制路径，如图 7-63 所示。

（2）按住 Ctrl 键，此时"钢笔工具" 转换为"直接选择工具" ，如图 7-64 所示，拖曳路径中的锚点来改变路径的弧度，如图 7-65 所示。

图 7-62

图 7-63

图 7-64

图 7-65

（3）将鼠标指针移动到路径上，"钢笔工具" 转换为"添加锚点工具" ，如图 7-66 所示。在路径上单击添加锚点，如图 7-67 所示。按住 Ctrl 键，此时"钢笔工具" 转换为"直接选择工具" ，拖曳路径中的锚点来改变路径的弧度，如图 7-68 所示。

图 7-66

图 7-67

图 7-68

（4）用相同的方法调整路径，效果如图 7-69 所示。单击属性栏中的"路径操作"按钮 ，在弹出的面板中选择"排除重叠形状"，在适当的位置绘制多条路径，如图 7-70 所示。按 Ctrl+Enter 组合键，将路径转换为选区，如图 7-71 所示。

（5）按 Ctrl+N 组合键，弹出"新建文档"对话框，设置"宽度"为 750 像素，"高度"为 200 像素，"分辨率"为 72 像素/英寸，"颜色模式"为"RGB 颜色"，"背景内容"为浅蓝色（232、239、248），单击"创建"按钮，新建一个文件。

图 7-69

图 7-70

图 7-71

（6）选择"移动工具" ，将选区中的图像拖曳到新建文件的图像窗口中，图像效果如图 7-72 所示。"图层"控制面板中生成新的图层，将其重命名为"包包"。按 Ctrl+T 组合键，图像周围出现变换框，拖曳鼠标调整图像的大小和位置，按 Enter 键确定操作，图像效果如图 7-73 所示。

图 7-72

图 7-73

（7）新建一个图层并将其命名为"投影"。将前景色设为黑色。选择"椭圆选框工具" ⬭，在属性栏中将"羽化"选项设为 5 像素，在图像窗口中拖曳鼠标绘制椭圆选区。按 Alt+Delete 组合键，用前景色填充选区。按 Ctrl+D 组合键，取消选区，图像效果如图 7-74 所示。在"图层"控制面板中，将"投影"图层拖曳到"包包"图层的下方，图像效果如图 7-75 所示。

（8）选择"包包"图层。按 Ctrl + O 组合键，打开云盘中的"Ch07 > 素材 > 制作箱包 App 主页 Banner > 02"文件。选择"移动工具" ⊕，将"02"图像拖曳到新建文件的图像窗口中适当的位置，图像效果如图 7-76 所示。"图层"控制面板中生成新的图层，将其重命名为"文字"。箱包 App 主页 Banner 制作完成。

图 7-74　　　　　　　　　图 7-75　　　　　　　　　　　　　图 7-76

7.2.2　钢笔工具

选择"钢笔工具" ⬠，或反复按 Shift+P 组合键选择钢笔工具，此时属性栏如图 7-77 所示。

按住 Shift 键创建锚点时，将以 45° 或 45° 的倍数绘制路径。按住 Alt 键，当将鼠标指针移到锚点上时，"钢笔工具" ⬠将暂时转换为"转换点工具" ⌐。按住 Ctrl 键，"钢笔工具" ⬠将暂时转换为"直接选择工具" ▸。

图 7-77

1. 绘制直线

打开一幅图像。选择"钢笔工具" ⬠，在属性栏中将"选择工具模式"选项设为"路径"，绘制的将是路径；如果设为"形状"，将绘制出形状图层。勾选"自动添加 / 删除"复选框，可以在选取的路径上自动添加和删除锚点。

在图像中任意位置单击，创建一个锚点，将鼠标指针移动到其他位置单击，创建第二个锚点，两个锚点之间自动以直线进行连接，如图 7-78 所示。再将鼠标指针移动到其他位置单击，创建第三个锚点，而系统将在第二个和第三个锚点之间生成一条新的直线路径，如图 7-79 所示。

图 7-78　　　　　　　　　　　　　　图 7-79

将鼠标指针移至第二个锚点上，暂时转换成"删除锚点工具" ⬠，如图 7-80 所示；在第二个锚点上单击，即可将该锚点删除，如图 7-81 所示。

图 7-80 图 7-81

2. 绘制曲线

打开一幅图像。选择"钢笔工具" ⬢，单击建立新的锚点并按住鼠标左键不放，拖曳鼠标，建立曲线路径和曲线锚点，如图 7-82 所示。释放鼠标左键，按住 Alt 键的同时，单击刚建立的曲线锚点，如图 7-83 所示，将其转换为直线锚点；在其他位置单击建立一个新的锚点，在曲线路径后绘制出直线，如图 7-84 所示。

图 7-82 图 7-83 图 7-84

7.2.3 自由钢笔工具

选择"自由钢笔工具" ⬢，此时属性栏如图 7-85 所示。

图 7-85

打开一幅图像。在图像上单击确定最初的锚点，沿图像小心地拖曳鼠标，如图 7-86 所示。闭合路径后，效果如图 7-87 所示。如果在选择时存在误差，只需要使用其他的路径工具对路径进行修改和调整，就可以补救。

图 7-86 图 7-87

7.2.4 添加锚点工具

打开一幅图像。选择"钢笔工具" ⬢，在图像中新建一条直线路径，将鼠标指针移动到建立的路径上，若此处没有锚点，则"钢笔工具" ⬢转换成"添加锚点工具" ⬢，如图 7-88 所示；若此时在路径上单击，可以添加一个直线锚点，效果如图 7-89 所示；若此时按住鼠标左键不放，向上拖曳鼠标，则会建立曲线路径和曲线锚点，效果如图 7-90 所示。

图 7-88   图 7-89   图 7-90

7.2.5　删除锚点工具

打开一幅图像。选择"钢笔工具" ，在图像中新建一条直线路径，将鼠标指针移动到路径的锚点上，"钢笔工具" 转换成"删除锚点工具" ，如图 7-91 所示；单击锚点将其删除，效果如图 7-92 所示。

图 7-91   图 7-92

将鼠标指针移动到曲线路径的锚点上，单击锚点也可以将其删除。

7.2.6　转换点工具

打开一幅图像。选择"钢笔工具" ，在图像窗口中绘制三角形路径，当要闭合路径时鼠标指针变为 图标，如图 7-93 所示，单击即可闭合路径，完成三角形路径的绘制，如图 7-94 所示。

图 7-93   图 7-94

选择"转换点工具" ，将鼠标指针放置在三角形左下角的锚点上，如图 7-95 所示；将锚点向右下方拖曳形成曲线锚点，如图 7-96 所示。用相同的方法将三角形路径的另外两个锚点转换为曲线锚点，转换完成后，路径的效果如图 7-97 所示。

图 7-95   图 7-96   图 7-97

7.2.7　选区和路径的转换

1. 将选区转换为路径

打开一幅图像。在图像上绘制选区，如图 7-98 所示。单击"路径"控制面板右上方的 ≡ 图标，在弹出的面板菜单中选择"建立工作路径"命令，弹出"建立工作路径"对话框。"容差"选项用于设置转换时的误差允许范围，数值越小越精确，路径上的关键点也越多。如果要编辑生成的路径，"容差"选项的数值最好设为 2，如图 7-99 所示，单击"确定"按钮，将选区转换为路径，效果如图 7-100 所示。

图 7-98　　　　　　　　　　　图 7-99　　　　　　　　　　　图 7-100

单击"路径"控制面板下方的"从选区生成工作路径"按钮 ◇，也可以将选区转换为路径。

2. 将路径转换为选区

打开一幅图像。在图像中创建路径，如图 7-101 所示。单击"路径"控制面板右上方的 ≡ 图标，在弹出的面板菜单中选择"建立选区"命令，弹出"建立选区"对话框，如图 7-102 所示。设置完成后，单击"确定"按钮，将路径转换为选区，效果如图 7-103 所示。

图 7-101　　　　　　　　　　　图 7-102　　　　　　　　　　　图 7-103

单击"路径"控制面板下方的"将路径作为选区载入"按钮 ○，也可以将路径转换为选区。

7.2.8　课堂案例——制作食物宣传卡

【案例学习目标】学习使用不同的工具绘制并调整路径。

【案例知识要点】使用钢笔工具、添加锚点工具、转换点工具和直接选择工具绘制路径，使用椭圆选框工具和"羽化"命令制作阴影，最终效果如图 7-104 所示。

图 7-104

【效果所在位置】Ch07/ 效果 / 制作食物宣传卡 .psd。

（1）按 Ctrl+O 组合键，打开云盘中的"Ch07 > 素材 > 制作食物宣传卡 > 01"文件，如图 7-105 所示。选择"钢笔工具" ，在属性栏中将"选择工具模式"选项设为"路径"，在图像窗口中沿着蛋糕轮廓绘制路径，如图 7-106 所示。

（2）选择"钢笔工具" ，按住 Ctrl 键，此时"钢笔工具" 转换为"直接选择工具" ，拖曳路径中的锚点来改变路径的弧度，拖曳控制手柄改变线段的弧度，效果如图 7-107 所示。将鼠标指针移动到建立好的路径上，若当前处没有锚点，则"钢笔工具" 将转换为"添加锚点工具" ，如图 7-108 所示，在路径上单击添加一个锚点。

图 7-105 　　　　　　　图 7-106 　　　　　　　图 7-107 　　　　　　　图 7-108

（3）选择"转换点工具" ，按住 Alt 键的同时拖曳控制手柄，可以任意改变控制手柄中的其中一个，如图 7-109 所示。用上述路径工具，将路径调整得更贴近蛋糕的形状，效果如图 7-110 所示。

（4）单击"路径"控制面板下方的"将路径作为选区载入"按钮 ，将路径转换为选区，如图 7-111 所示。按 Ctrl+O 组合键，打开云盘中的"Ch07 > 素材 > 制作食物宣传卡 > 02"文件。选择"移动工具" ，将"01"图像窗口选区中的图像拖曳到"02"图像窗口中，如图 7-112 所示。"图层"控制面板中生成新的图层，将其重命名为"蛋糕"。

图 7-109 　　　　　　　图 7-110 　　　　　　　图 7-111 　　　　　　　图 7-112

（5）新建一个图层并将其命名为"投影"。将前景色设为咖啡色（75、34、0）。选择"椭圆选框工具" ，在图像窗口中拖曳鼠标绘制椭圆选区，如图 7-113 所示。按 Shift+F6 组合键，弹出"羽化选区"对话框，选项的设置如图 7-114 所示，单击"确定"按钮，羽化选区。

（6）按 Alt+Delete 组合键，用前景色填充选区。按 Ctrl+D 组合键，取消选区，效果如图 7-115 所示。在"图层"控制面板中，将"投影"图层拖曳到"蛋糕"图层的下方，图像效果如图 7-116 所示。

图 7-113 　　　　　　　图 7-114 　　　　　　　图 7-115 　　　　　　　图 7-116

（7）按住 Shift 键的同时，将"蛋糕"图层和"投影"图层同时选中。按 Ctrl+E 组合键，合并图层，如图 7-117 所示。连续两次将"蛋糕"图层拖曳到"图层"控制面板下方的"创建新图层"按钮 回 上进行复制，复制出新的图层，如图 7-118 所示。分别将复制出的图层中的图像拖曳到适当的位置并调整大小，图像效果如图 7-119 所示。食物宣传卡制作完成。

图 7-117

图 7-118

图 7-119

7.2.9 "路径"控制面板

绘制一条路径。选择"窗口 > 路径"命令，弹出"路径"控制面板，如图 7-120 所示。单击"路径"控制面板右上方的 ≡ 图标，弹出其面板菜单，如图 7-121 所示。"路径"控制面板的底部有 7 个工具按钮，如图 7-122 所示。

图 7-120

图 7-121

图 7-122

用前景色填充路径 ● ：单击此按钮，将对当前选中路径进行填充，填充的对象包括当前路径的所有子路径及不连续的路径线段。如果选定了路径中的一部分，面板菜单中的"填充路径"命令将变为"填充子路径"命令。如果被填充的路径为开放路径，系统将自动把路径的两个端点用直线连接，然后进行填充。如果只有一条开放的路径，则不能进行填充。按住 Alt 键的同时单击此按钮，将弹出"填充路径"对话框。

用画笔描边路径 ○ ：单击此按钮，将使用当前的颜色和当前在"描边路径"对话框中设定的工具对路径进行描边。按住 Alt 键的同时，单击此按钮，将弹出"描边路径"对话框。

将路径作为选区载入 ⸬ ：单击此按钮，将把当前路径所圈选的范围转换为选择区域。按住 Alt 键的同时单击此按钮，将弹出"建立选区"对话框。

从选区生成工作路径 ◇ ：单击此按钮，将把当前的选择区域转换为路径。按住 Alt 键的同时单击此按钮，将弹出"建立工作路径"对话框。

　　添加蒙版 ▣：用于为当前图层添加蒙版。

　　创建新路径 ▣：用于创建一条新的路径。单击此按钮，可以创建一条新的路径。按住 Alt 键的同时单击此按钮，将弹出"新建路径"对话框。

　　删除当前路径 🗑：用于删除当前路径。直接拖曳"路径"控制面板中的一条路径到此按钮上，可将整条路径全部删除。

7.2.10　新建路径

　　单击"路径"控制面板右上方的 ≡ 图标，弹出面板菜单，选择"新建路径"命令，弹出"新建路径"对话框，如图 7-123 所示。

　　名称：用于设定新路径的名称。

图 7-123

　　单击"路径"控制面板下方的"创建新路径"按钮 ▣，可以创建一条新路径。按住 Alt 键的同时单击"创建新路径"按钮 ▣，将弹出"新建路径"对话框。

7.2.11　复制、删除、重命名路径

1. 复制路径

　　单击"路径"控制面板右上方的 ≡ 图标，弹出面板菜单，选择"复制路径"命令，弹出"复制路径"对话框，如图 7-124 所示。在"名称"文本框中输入复制路径的名称，单击"确定"按钮，"路径"控制面板如图 7-125 所示。

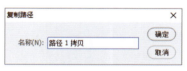

图 7-124

图 7-125

　　将要复制的路径拖曳到"路径"控制面板下方的"创建新路径"按钮 ▣ 上，也可根据所选的路径复制出一条新路径。

2. 删除路径

　　单击"路径"控制面板右上方的 ≡ 图标，弹出面板菜单，选择"删除路径"命令，将路径删除。选择需要删除的路径，单击控制面板下方的"删除当前路径"按钮 🗑，也可以将选择的路径删除。

3. 重命名路径

　　双击"路径"控制面板中的路径名称，此时路径名称处于可编辑状态，如图 7-126 所示，更改名称后按 Enter 键确认即可，如图 7-127 所示。

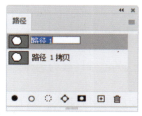

图 7-126

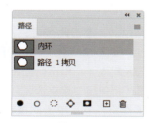

图 7-127

7.2.12　路径选择工具

路径选择工具可用于选择单条或多条路径，还可用于组合、对齐和分布路径。

选择"路径选择工具" ▶，或反复按 Shift+A 组合键选择路径选择工具，此时属性栏如图 7-128 所示。

图 7-128

选择：用于设置所选路径所在的图层。约束路径拖动：勾选此复选框，可以只移动两个锚点之间的路径，其他路径不受影响。

7.2.13　直接选择工具

直接选择工具可用于移动路径中的锚点或线段，还可用于调整控制手柄和控制点。

打开一幅图像。在图像中创建路径，如图 7-129 所示。选择"直接选择工具" ▶，拖曳路径中的锚点来改变路径的弧度，如图 7-130 所示。

图 7-129

图 7-130

7.2.14　填充路径

打开一幅图像。在图像中创建路径，如图 7-129 所示。单击"路径"控制面板右上方的 ☰ 图标，在弹出的面板菜单中选择"填充路径"命令，弹出"填充路径"对话框，如图 7-131 所示。设置完成后，单击"确定"按钮，效果如图 7-132 所示。

图 7-131

图 7-132

单击"路径"控制面板下方的"用前景色填充路径"按钮 ●，填充路径。按住 Alt 键的同时单击"用前景色填充路径"按钮 ●，将弹出"填充路径"对话框，设置完成后，单击"确定"按钮，填充路径。

7.2.15　描边路径

打开一幅图像。在图像中创建路径，如图 7-129 所示。单击"路径"控制面板右上方的 ☰ 图标，在弹出的面板菜单中选择"描边路径"命令，弹出"描边路径"对话框。"工具"下拉列表中共有19种工具可以选择，若选择"画笔工具"，在属性栏中设定的画笔类型将直接影响此处的描边效果。

"描边路径"对话框中的设置如图7-133所示，单击"确定"按钮，效果如图7-134所示。

图 7-133

图 7-134

单击"路径"控制面板下方的"用画笔描边路径"按钮○，描边路径。按住 Alt 键的同时单击"用画笔描边路径"按钮○，将弹出"描边路径"对话框，设置完成后，单击"确定"按钮，描边路径。

7.3 3D 模型的创建

在 Photoshop 中可以将平面图层根据各种形状预设创建出 3D 模型。只有将图层变为 3D 图层，才能使用 3D 工具和命令。

打开一幅图像，如图7-135所示。选择"3D > 从图层新建网格 > 网格预设"命令，弹出图7-136所示的子菜单，选择其中的命令可以创建出相应的 3D 模型。

图 7-135

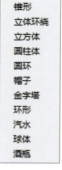

图 7-136

选择各命令创建出的 3D 模型如图7-137所示。

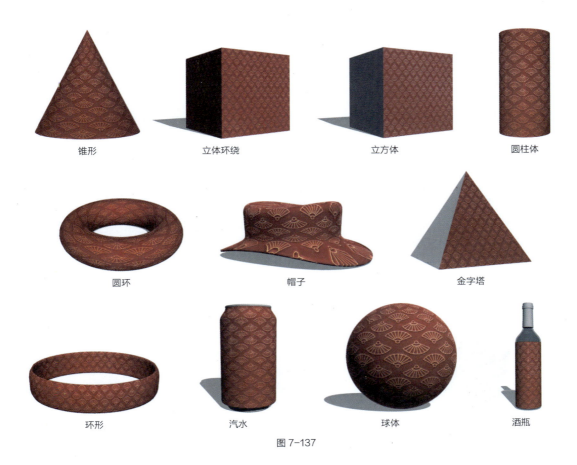

图 7-137

7.4 3D 工具的使用

　　在 Photoshop 中使用 3D 工具可以旋转模型、缩放模型或调整模型位置。当操作 3D 模型时，相机视图保持固定。

　　打开一幅包含 3D 模型的图像，如图 7-138 所示。选中 3D 图层，在属性栏中选择"环绕移动 3D 相机工具" 🖼，图像窗口中的鼠标指针变为🖐图标，上下拖曳鼠标可将模型围绕其 x 轴旋转，如图 7-139 所示；左右拖曳鼠标可将模型围绕其 y 轴旋转，效果如图 7-140 所示。按住 Alt 键的同时拖曳鼠标可滚动模型。

| 图 7-138 | 图 7-139 | 图 7-140 |

　　在属性栏中选择"滚动 3D 相机工具" ◎，图像窗口中的鼠标指针变为◎图标，左右拖曳鼠标可

使模型绕 *z* 轴旋转，效果如图 7-141 所示。

　　在属性栏中选择"平移 3D 相机工具" ✛，图像窗口中的鼠标指针变为 ✛ 图标，左右拖曳鼠标可沿水平方向移动模型，如图 7-142 所示；上下拖曳鼠标可沿垂直方向移动模型，如图 7-143 所示。按住 Alt 键的同时拖曳鼠标可沿 *x*/*z* 轴方向移动模型。

　　在属性栏中选择"滑动 3D 相机工具" ✛，图像窗口中的鼠标指针变为 ✛ 图标，左右拖曳鼠标可沿水平方向移动模型，如图 7-144 所示；上下拖曳鼠标可将模型移近或移远，如图 7-145 所示。按住 Alt 键的同时拖曳鼠标可沿 *x*/*y* 轴方向移动模型。

图 7-141　　　　　　　　　图 7-142　　　　　　　　　图 7-143

　　在属性栏中选择"变焦 3D 相机工具" 📹，图像窗口中的鼠标指针变为 ⬍ 图标，上下拖曳鼠标可将模型放大或缩小，如图 7-146 所示。按住 Alt 键的同时拖曳鼠标可沿 *z* 轴方向缩放模型。

图 7-144　　　　　　　　　图 7-145　　　　　　　　　图 7-146

 ## 课堂练习——制作音乐节装饰画

　　【练习知识要点】使用钢笔工具绘制路径，使用"填充路径"命令为路径填充颜色，使用创建新路径按钮新建路径，最终效果如图 7-147 所示。

课堂练习

制作音乐节
装饰画

图 7-147

　　【效果所在位置】Ch07/ 效果 / 制作音乐节装饰画 .psd。

课后习题——制作中秋节海报

【习题知识要点】使用钢笔工具、"描边路径"命令和画笔工具绘制背景形状和装饰线条，使用图层样式添加内阴影和投影，最终效果如图 7-148 所示。

【效果所在位置】Ch07/ 效果 / 制作中秋节海报 .psd。

图 7-148

课后习题

制作中秋节
海报

08 第 8 章
调整图像的色彩与色调

本章介绍

　　本章主要介绍调整图像色彩与色调的命令。通过本章的学习，学习者可以根据不同的需要应用调整命令对图像的色彩或色调进行细微的调整，还可以对图像进行特殊颜色的处理。

学习目标

- 熟练掌握调整图像色彩与色调的方法。
- 掌握特殊颜色的处理技巧。

技能目标

- 掌握"详情页主图中偏色的图像"的修正方法。
- 掌握"休闲生活类公众号封面首图"的制作方法。
- 掌握"过暗图像"的调整方法。
- 掌握"图像的色彩与明度"的调整方法。
- 掌握"节气海报"的制作方法。
- 掌握"旅游出行公众号封面首图"的制作方法。

素养目标

- 培养科学的思维方式和理性的判断力。
- 培养积极进取的学习精神。
- 培养独立思考与主动创新意识。

8.1 图像色彩与色调的调整

调整图像的色彩与色调是 Photoshop 的强项，也是 Photoshop 使用者必须掌握的操作。在实际的设计与制作中经常会调整图像的色彩与色调。

8.1.1 课堂案例——修正详情页主图中偏色的图像

【案例学习目标】学习使用"调整"命令调整偏色的图像。

【案例知识要点】使用"色相/饱和度"命令调整图像的色调，最终效果如图 8-1 所示。

微课视频　　　　扩展案例

修正详情页主图　　修正详情页主图
中偏色的图像　　中偏色的图像（扩展）

图 8-1

【效果所在位置】Ch08/ 效果 / 修正详情页主图中偏色的图像 .psd。

（1）按 Ctrl+N 组合键，弹出"新建文档"对话框，设置"宽度"为 800 像素，"高度"为 800 像素，"分辨率"为 72 像素 / 英寸，"颜色模式"为"RGB 颜色"，"背景内容"为"白色"，单击"创建"按钮，新建一个文件。

（2）按 Ctrl + O 组合键，打开云盘中的"Ch08 > 素材 > 修正详情页主图中偏色的图像 > 01"文件，如图 8-2 所示。选择"移动工具" ，将"01"图像拖曳到新建文件的图像窗口中适当的位置，"图层"控制面板中生成新的图层，将其重命名为"包包"，如图 8-3 所示。选择"图像 > 调整 > 色相 / 饱和度"命令，弹出"色相 / 饱和度"对话框，如图 8-4 所示。

图 8-2

图 8-3

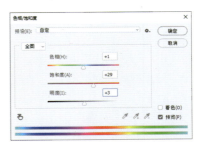

图 8-4

（3）单击"全图"选项，在弹出的下拉列表中选择"红色"选项，切换到相应的对话框中进行设置，如图 8-5 所示。单击"红色"选项，在弹出的下拉列表中选择"黄色"选项，切换到相应的对话框中进行设置，如图 8-6 所示。

（4）单击"黄色"选项，在弹出的下拉列表中选择"青色"选项，切换到相应的对话框中进行设置，如图 8-7 所示。单击"青色"选项，在弹出的下拉列表中选择"蓝色"选项，切换到相应的对话框中进行设置，如图 8-8 所示。

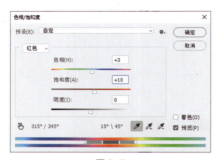

图 8-5

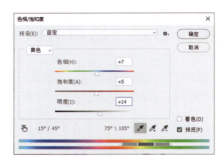

图 8-6

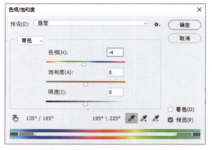

图 8-7

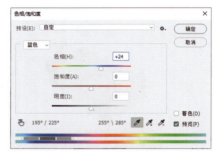

图 8-8

（5）单击"蓝色"选项，在弹出的下拉列表中选择"洋红"选项，切换到相应的对话框中进行设置，如图 8-9 所示，单击"确定"按钮，效果如图 8-10 所示。

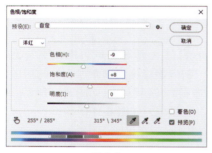

图 8-9

图 8-10

（6）单击"图层"控制面板下方的"添加图层样式"按钮 _fx_，在弹出的菜单中选择"投影"命令。弹出"图层样式"对话框，选项的设置如图 8-11 所示，单击"确定"按钮，效果如图 8-12 所示。

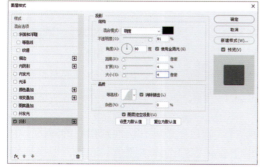

图 8-11

图 8-12

（7）按 Ctrl+O 组合键，打开云盘中的"Ch08 > 素材 > 修正详情页主图中偏色的图像 > 02"
文件，如图 8-13 所示。选择"移动工具"  ，将"02"图片拖曳到新建的文件图像窗口中适当的位置，
效果如图 8-14 所示。"图层"控制面板中生成新的图层，将其重命名为"文字"。修正详情页主图
中偏色的图像的操作完成。

图 8-13

图 8-14

8.1.2 色相 / 饱和度

打开一幅图像。选择"图像 > 调整 > 色相 / 饱和度"命令，或按 Ctrl+U 组合键，弹出"色相 /
饱和度"对话框，设置如图 8-15 所示。单击"确定"按钮，效果如图 8-16 所示。

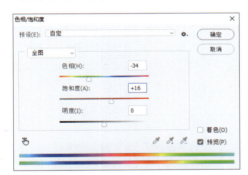

图 8-15

图 8-16

预设：用于选择要调整的色彩范围，可以通过拖曳各选项中的滑块来调整图像的色相（H）、饱
和度（A）和明度（I）。着色：用于在由灰度模式转化而来的色彩模式图像中填加需要的颜色。

在对话框中勾选"着色"复选框，设置如图 8-17 所示，单击"确定"按钮，图像效果如图 8-18
所示。

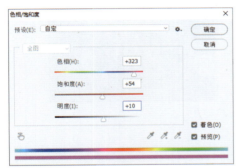

图 8-17

图 8-18

8.1.3　亮度／对比度

"亮度／对比度"命令用于调整整个图像的亮度和对比度。

打开一幅图像，如图 8-19 所示。选择"图像 > 调整 > 亮度／对比度"命令，弹出"亮度／对比度"对话框，选项的设置如图 8-20 所示，单击"确定"按钮，效果如图 8-21 所示。

图 8-19　　　　　　　　图 8-20　　　　　　　　图 8-21

8.1.4　色彩平衡

打开一幅图像。选择"图像 > 调整 > 色彩平衡"命令，或按 Ctrl+B 组合键，弹出"色彩平衡"对话框，如图 8-22 所示。

色彩平衡：用于添加过渡色来平衡色彩效果，拖曳滑块可以调整整幅图像的色彩，也可以在"色阶"选项的数值框中直接输入数值调整图像的色彩。

色调平衡：用于选取图像的调整区域，包括阴影区域、中间调区域和高光区域。

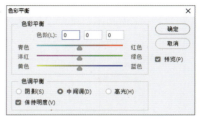

图 8-22

保持明度：用于保持原图像的明度。

设置不同的色彩平衡参数后，图像效果如图 8-23 所示。

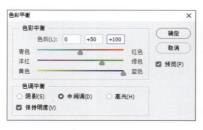

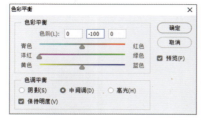

图 8-23

8.1.5　反相

选择"图像 > 调整 > 反相"命令，或按 Ctrl+I 组合键，可以将图像或选区的像素颜色转换为补色，使其出现底片效果。不同颜色模式的图像反相后的效果如图 8-24 所示。

原图像

RGB 颜色模式反相后的效果

CMYK 颜色模式反相后的效果

图 8-24

提示

反相效果是对图像的每一个颜色通道进行反相后的合成效果，不同颜色模式的图像反相后的效果是不同的。

8.1.6　课堂案例——制作休闲生活类公众号封面首图

【案例学习目标】学习使用"调整"命令调整图像的颜色。

【案例知识要点】使用"自动色调"命令和"色调均化"命令调整图像的颜色，最终效果如图 8-25 所示。

图 8-25

微课视频

制作休闲生活类
公众号封面首图

扩展案例

制作休闲生活类
公众号封面首图（扩展）

【效果所在位置】Ch08/ 效果 / 制作休闲生活类公众号封面首图 .psd。

（1）按 Ctrl+N 组合键，弹出"新建文档"对话框，设置"宽度"为 1 175 像素，"高度"为 500 像素，"分辨率"为 72 像素 / 英寸，"颜色模式"为"RGB 颜色"，背景内容为白色，单击"创建"按钮，新建一个文件。

（2）按 Ctrl+O 组合键，打开云盘中的"Ch08 > 素材 > 制作休闲生活类公众号封面首图 > 01"文件。选择"移动工具"，将其拖曳到新建文件的图像窗口中适当的位置，如图 8-26 所示。"图层"控制面板中生成新的图层，将其重命名为"图片"。按 Ctrl+J 组合键，复制图层，如图 8-27 所示。

图 8-26

图 8-27

（3）选择"图像 > 自动色调"命令，调整图像的色调，效果如图 8-28 所示。选择"图像 > 调整 > 色调均化"命令，调整图像，效果如图 8-29 所示。

图 8-28

图 8-29

图 8-30

（4）按 Ctrl + O 组合键，打开云盘中的"Ch08 > 素材 > 制作休闲生活类公众号封面首图 > 02"文件。选择"移动工具" ⊕，将"02"图像拖曳到新建文件的图像窗口中适当的位置，效果如图 8-30 所示。"图层"控制面板中生成新的图层，将其重命名为"文字"。休闲生活类公众号封面首图制作完成。

8.1.7　自动色调

"自动色调"命令用于对图像的色调进行自动调整。系统将以 0.1% 的色调调整幅度对图像进行加亮和变暗。按 Shift+Ctrl+L 组合键，可以对图像的色调进行自动调整。

8.1.8　自动对比度

"自动对比度"命令用于对图像的对比度进行自动调整。按 Alt+Shift+Ctrl+L 组合键，可以对图像的对比度进行自动调整。

8.1.9　自动颜色

"自动颜色"命令用于对图像的颜色进行自动调整。按 Shift+Ctrl+B 组合键，可以对图像的颜色进行自动调整。

8.1.10　色调均化

"色调均化"命令用于调整图像或选区像素的过黑部分，使图像变得明亮。

选择"图像 > 调整 > 色调均化"命令，在不同的颜色模式下图像将产生不同的效果，如图 8-31 所示。

原图像

RGB 颜色模式的图像色调均化的效果

CMYK 颜色模式的图像色调均化的效果

Lab 颜色模式的图像色调均化的效果

图 8-31

8.1.11　课堂案例——调整过暗的图像

【案例学习目标】学习使用"调整"命令调整过暗的图像。

【案例知识要点】使用"色阶"命令调整过暗的图像，最终效果如图 8-32 所示。

【效果所在位置】Ch08/ 效果 / 调整过暗的图像 .psd。

微课视频　　　　　扩展案例

调整过暗的图像　制作汽车工业行业
　　　　　　　　活动邀请 H5

图 8-32

（1）按 Ctrl+O 组合键，打开云盘中的"Ch08 > 素材 > 调整过暗的图片 > 01"文件，如图 8-33 所示。

（2）选择"图像 > 调整 > 色阶"命令，弹出"色阶"对话框，选项的设置如图 8-34 所示，单击"确定"按钮，图像效果如图 8-35 所示。

图 8-33

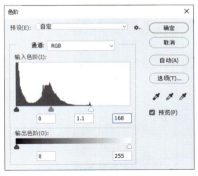

图 8-34

图 8-35

（3）按 Ctrl + O 组合键，打开云盘中的"Ch08 > 素材 > 调整过暗的图像 > 02"文件。选择"移动工具" ⊕，将"02"图像拖曳到"01"图像窗口中适当的位置，图像效果如图 8-36 所示。"图层"控制面板中生成新的图层，将其重命名为"文字"。过暗的图像调整完成。

图 8-36

8.1.12　色阶

打开一幅图像，如图 8-37 所示。选择"图像 > 调整 > 色阶"命令，或按 Ctrl+L 组合键，弹出"色阶"对话框，如图 8-38 所示。对话框中间是一个直方图，其横坐标的取值范围为 0 ~ 255，表示亮度值，纵坐标为图像的像素值。

通道：用于选择不同的颜色通道来调整图像。如果想选择两个以上的颜色通道，要先在"通道"控制面板中选择所需要的通道，再调出"色阶"对话框。

输入色阶：可以通过输入数值或拖曳滑块来调整图像。左侧的数值框和黑色滑块用于调整黑色，图像中低于该亮度值的所有像素将变为黑色；中间的数值框和灰色滑块用于调整灰度，其取值范围为 0.01 ~ 9.99；右侧的数值框和白色滑块用于调整白色，图像中高于该亮度值的所有像素将变为白色。

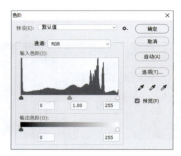

图 8-37   图 8-38

调整"输入色阶"选项的 3 个滑块至不同位置，图像将产生不同色彩效果，如图 8-39 所示。

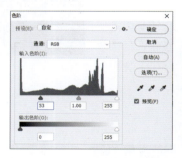

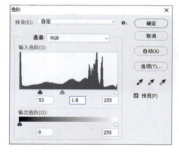

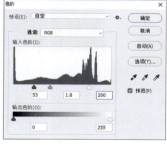

图 8-39

输出色阶：可以通过输入数值或拖曳滑块来控制图像的亮度范围。左侧的数值框和黑色滑块用于调整图像中最暗像素的亮度；右侧的数值框和白色滑块用于调整图像中最亮像素的亮度。

调整"输出色阶"选项的两个滑块至不同位置，图像将产生不同色彩效果，如图 8-40 所示。

自动(A)：用于自动调整图像并设置层次。 选项(T)...：单击此按钮，弹出"自动颜色校正选项"对话框，系统将以 0.1% 色阶调整幅度对图像进行加亮和变暗。 取消：按住 Alt 键，将转换为 复位 按钮，单击此按钮可以将调整过的色阶复位还原，以便重新进行设置。

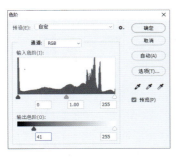

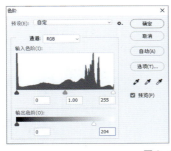

图 8-40

分别为黑色吸管工具、灰色吸管工具和白色吸管工具。选择黑色吸管工具，在图像中的某一点单击，图像中暗于单击点的所有像素都会变为黑色；选择灰色吸管工具，在图像中的某一点单击，单击点的像素都会变为灰色，图像中的其他颜色也会有相应调整；选择白色吸管工具，在图像中的某一点单击，图像中亮于单击点的所有像素都会变为白色。双击任意吸管工具，可以在弹出的"拾色器"对话框中设置吸管颜色。

8.1.13 曲线

"曲线"命令用于通过调整图像颜色曲线上的任意一个像素点来改变图像的颜色范围。

打开一幅图像。选择"图像 > 调整 > 曲线"命令，或按 Ctrl+M 组合键，弹出"曲线"对话框，如图 8-41 所示。在图像中单击，如图 8-42 所示，对话框中的曲线上会出现一个圆圈，横坐标为颜色的输入值，纵坐标为颜色的输出值，如图 8-43 所示。

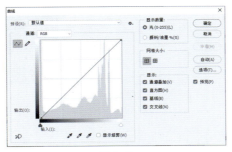

图 8-41

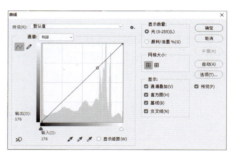

图 8-42 图 8-43

通道：用于选择图像的颜色调整通道。：分别用于改变曲线的形状、添加或删除控制点。输入/输出：显示图表中控制点所在位置的亮度值。显示数量：用于选择图表的显示方式。网格大小：用于选择图表中网格的显示大小。显示：用于选择图表的显示内容。 自动(A) ：用于自动调整图像的亮度。

将曲线调整为不同形状后，图像效果如图 8-44 所示。

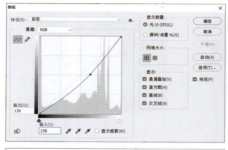 

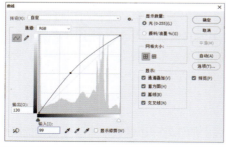 

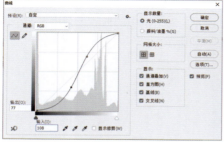 

图 8-44

8.1.14 渐变映射

打开一幅图像。选择"图像 > 调整 > 渐变映射"命令，弹出"渐变映射"对话框，如图 8-45 所示。

单击"点按可编辑渐变"按钮，在弹出的"渐变编辑器"对话框中设置渐变色，如图 8-46 所示。单击"确定"按钮，图像效果如图 8-47 所示。

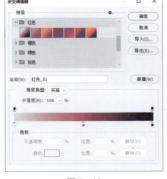

图 8-45　　　　　　　　　　　图 8-46　　　　　　　　　　图 8-47

　　灰度映射所用的渐变：用于选择和设置渐变。仿色：用于为转变色阶后的图像增加仿色。反向：用于反转转变色阶后的图像颜色。

8.1.15　阴影 / 高光

　　打开一幅图像。选择"图像 > 调整 > 阴影 / 高光"命令，弹出"阴影 / 高光"对话框，选项的设置如图 8-48 所示，单击"确定"按钮，图像效果如图 8-49 所示。

图 8-48　　　　　　　　　　　　　　图 8-49

8.1.16　课堂案例——调整图像的色彩与明度

　　【案例学习目标】学习使用"调整"命令调整图像的颜色。

　　【案例知识要点】使用"可选颜色"命令和"曝光度"命令调整图像的颜色，最终效果如图 8-50 所示。

图 8-50

　　【效果所在位置】Ch08/ 效果 / 调整图像的色彩与明度 .psd。

　　（1）按 Ctrl+O 组合键，打开云盘中的"Ch08 > 素材 > 调整照片的色彩与明度 > 01"文件，如图 8-51 所示。将"背景"图层拖曳到"图层"控制面板下方的"创建新图层"按钮 □ 上进行复制，生成新的图层"背景 拷贝"，"图层"控制面板如图 8-52 所示。

图 8-51　　　　　　　　　　　　　　　　　　　　图 8-52

（2）选择"图像 > 调整 > 可选颜色"命令，弹出"可选颜色"对话框，选项的设置如图 8-53 所示。单击"颜色"选项右侧的 ⊡ 按钮，在弹出的下拉列表中选择"蓝色"选项，切换到相应的对话框，选项的设置如图 8-54 所示。单击"颜色"选项右侧的 ⊡ 按钮，在弹出的下拉列表中选择"青色"选项，切换到相应的对话框，选项的设置如图 8-55 所示，单击"确定"按钮。

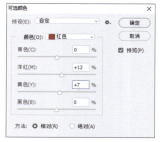

图 8-53　　　　　　　　　　图 8-54　　　　　　　　　　图 8-55

（3）选择"图像 > 调整 > 曝光度"命令，弹出"曝光度"对话框，选项的设置如图 8-56 所示，单击"确定"按钮，图像效果如图 8-57 所示。

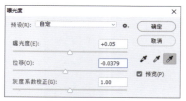

图 8-56　　　　　　　　　　　　　　　　　　图 8-57

（4）选择"横排文字工具" T.，在图像窗口中输入需要的文字并选取文字。按 Ctrl+T 组合键，弹出"字符"控制面板，选项的设置如图 8-58 所示。按 Enter 键确定操作，图像效果如图 8-59 所示，在"图层"控制面板中生成新的文字图层。图像的色彩与明度调整完成。

图 8-58　　　　　　　　　　　　　　　　图 8-59

8.1.17 可选颜色

打开一幅图像，如图 8-60 所示。选择"图像 > 调整 > 可选颜色"命令，弹出"可选颜色"对话框，选项的设置如图 8-61 所示，单击"确定"按钮，图像效果如图 8-62 所示。

| 图 8-60 | 图 8-61 | 图 8-62 |

颜色：用于选择图像中的不同颜色，可通过拖曳滑块或输入数值调整青色、洋红、黄色、黑色的百分比。方法：用于选择调整方法，包括"相对"和"绝对"。

8.1.18 曝光度

打开一幅图像。选择"图像 > 调整 > 曝光度"命令，弹出"曝光度"对话框，选项的设置如图 8-63 所示，单击"确定"按钮，图像效果如图 8-64 所示。

| 图 8-63 | 图 8-64 |

曝光度：用于调整颜色范围的高光端，对极限阴影的影响很轻微。位移：用于使阴影和中间调变暗，对高光的影响很轻微。灰度系数校正：用于使用乘方函数调整图像灰度系数。

8.1.19 照片滤镜

"照片滤镜"命令用于模仿传统相机的滤镜效果处理图像，通过调整图像颜色来获得各种丰富的效果。

打开一幅图像。选择"图像 > 调整 > 照片滤镜"命令，弹出"照片滤镜"对话框，如图 8-65 所示。

滤镜：用于选择颜色调整的过滤模式。颜色：单击右侧的图标，弹出"选择滤镜颜色"对话框，可以设置颜色值对图像进行过滤。密度：可以设置过滤颜色的百分比。保留明度：若勾选此复选框，则图像的白色部分颜色保持不变；若取消勾选此复选框，则图像的全部颜色都随之改变，效果如图 8-66 所示。

图 8-65

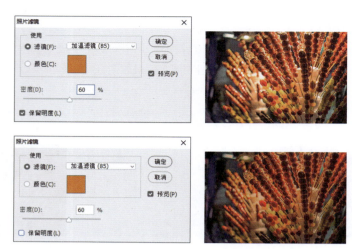

图 8-66

8.2

8.2 特殊颜色的处理

"特殊颜色处理"命令可以使图像产生独特的颜色变化。

8.2.1 课堂案例——制作节气海报

【案例学习目标】学习使用"调整"命令调整图像颜色。

【案例知识要点】使用"色调分离"命令和"阈值"命令调整图像，最终效果如图 8-67 所示。

微课视频　　　　扩展案例

制作节气海报　　制作舞蹈培训公
　　　　　　　　众号运营海报

图 8-67

【效果所在位置】Ch08/ 效果 / 制作节气海报 .psd。

（1）按 Ctrl + O 组合键，打开云盘中的"Ch08 > 素材 > 制作节气海报 > 01"文件，如图 8-68 所示。将"背景"图层拖曳到"图层"控制面板下方的"创建新图层"按钮 ▣ 上进行复制，生成新的图层"背景 拷贝"。将该图层的混合模式设为"正片叠底"，如图 8-69 所示，图像效果如图 8-70 所示。

图 8-68	图 8-69	图 8-70

（2）选择"图像 > 调整 > 色调分离"命令，弹出"色调分离"对话框，选项的设置如图 8-71 所示，单击"确定"按钮，图像效果如图 8-72 所示。

图 8-71　　　　　　　　　　　　　　　　　　图 8-72

（3）单击"图层"控制面板下方的"添加图层蒙版"按钮 ，为"背景 拷贝"图层添加图层蒙版，如图 8-73 所示。选择"渐变工具" ，单击属性栏中的"点按可编辑渐变"按钮 ，弹出"渐变编辑器"对话框。将渐变色设为从黑色到白色，如图 8-74 所示，单击"确定"按钮。在图像窗口中由左下至右上拖曳鼠标填充渐变色，图像效果如图 8-75 所示。

图 8-73	图 8-74	图 8-75

（4）将"背景"图层拖曳到"图层"控制面板下方的"创建新图层"按钮 上进行复制，生成新的图层"背景 拷贝 2"，并将"背景拷贝 2"图层拖曳到"背景 拷贝"图层的上方，如图 8-76 所示。将"背景拷贝 2"图层的混合模式设为"线性减淡（添加）"，如图 8-77 所示，图像效果如图 8-78 所示。

图 8-76

图 8-77

图 8-78

（5）选择"图像 > 调整 > 阈值"命令，弹出"阈值"对话框，选项的设置如图 8-79 所示，单击"确定"按钮，图像效果如图 8-80 所示。按住 Shift 键的同时，单击"背景"图层，将需要的图层同时选取。按 Ctrl+E 组合键，合并选取的图层，"图层"控制面板如图 8-81 所示。

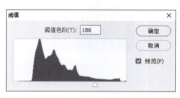
图 8-79

图 8-80

图 8-81

（6）选择"图像 > 调整 > 色相 / 饱和度"命令，弹出"色相 / 饱和度"对话框，选项的设置如图 8-82 所示，单击"确定"按钮，图像效果如图 8-83 所示。

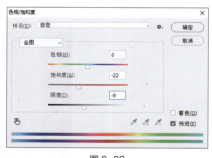
图 8-82

图 8-83

（7）选择"图像 > 调整 > 色阶"命令，弹出"色阶"对话框，选项的设置如图 8-84 所示，单击"确定"按钮，图像效果如图 8-85 所示。

（8）选择"直排文字工具" **IT.**，在图像窗口中输入需要的文字并选取文字，在属性栏中选择合适的字体并设置适当的字体大小，将文本颜色设为白色，"图层"控制面板中生成新的文字图层。将光标插入文字间。按 Ctrl+T 组合键，弹出"字符"控制面板，选项的设置如图 8-86 所示。按 Enter 键确定操作，图像效果如图 8-87 所示。

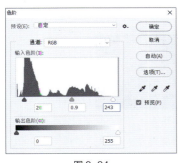
图 8-84

图 8-85

图 8-86

图 8-87

（9）选择"横排文字工具"，在图像窗口中输入需要的文字并选取文字，在属性栏中选择合适的字体并设置适当的大小，效果如图 8-88 所示，"图层"控制面板中生成新的文字图层。使用相同的方法输入其他文字，图像效果如图 8-89 所示。节气海报制作完成。

图 8-88

图 8-89

8.2.2　去色

选择"图像 > 调整 > 去色"命令，或按 Shift+Ctrl+U 组合键，可以使图像变为灰度图，但图像的颜色模式并不改变。"去色"命令也可以对图像中的选区使用，将选区中的图像去色。

8.2.3　阈值

打开一幅图像，如图 8-90 所示。选择"图像 > 调整 > 阈值"命令，弹出"阈值"对话框，选项的设置如图 8-91 所示，单击"确定"按钮，图像效果如图 8-92 所示。

图 8-90

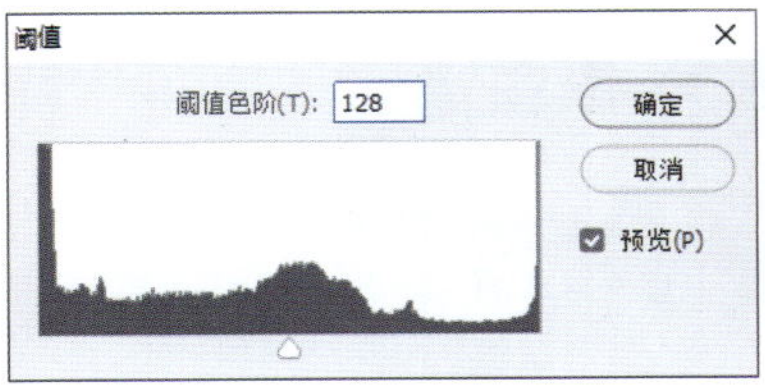

图 8-91

图 8-92

阈值色阶：可以通过拖曳滑块或输入数值改变图像的阈值。系统将使大于阈值的像素变为白色，小于阈值的像素变为黑色，使图像具有高度反差。

8.2.4　色调分离

打开一幅图像。选择"图像 > 调整 > 色调分离"命令，弹出"色调分离"对话框，设置如图 8-93

所示，单击"确定"按钮，图像效果如图 8-94 所示。

图 8-93　　　　　　　　　　图 8-94

色阶：用于指定色阶数，系统将以 256 阶的亮度对图像中的像素亮度进行分配。色阶数越大，图像产生的变化越小。

8.2.5　替换颜色

打开一幅图像。选择"图像 > 调整 > 替换颜色"命令，弹出"替换颜色"对话框。在图像中单击以吸取要替换的颜色，再调整色相、饱和度和明度，设置"结果"选项为黄色，其他选项的设置如图 8-95 所示，单击"确定"按钮，图像效果如图 8-96 所示。

图 8-95　　　　　　　　　　图 8-96

8.2.6　课堂案例——制作旅游出行公众号封面首图

【案例学习目标】学习使用"调整"命令调整图像颜色。

【案例知识要点】使用"通道混合器"命令和"黑白"命令调整图像，最终效果如图 8-97 所示。

图 8-97

【效果所在位置】Ch08/ 效果 / 制作旅游出行公众号封面首图 .psd。

（1）按 Ctrl + O 组合键，打开云盘中的"Ch08 > 素材 > 制作旅游出行公众号封面首图 > 01"文件，如图 8-98 所示。将"背景"图层拖曳到"图层"控制面板下方的"创建新图层"按钮
上进行复制，生成新的图层"背景 拷贝"，如图 8-99 所示。

图 8-98

图 8-99

（2）选择"图像 > 调整 > 通道混合器"命令，在弹出的对话框中进行设置，如图 8-100 所示，单击"确定"按钮，图像效果如图 8-101 所示。

图 8-100

图 8-101

（3）按 Ctrl+J 组合键，复制"背景 拷贝"图层，生成新的图层，将其重命名为"黑白"。选择"图像 > 调整 > 黑白"命令，在弹出的对话框中进行设置，如图 8-102 所示，单击"确定"按钮，图像效果如图 8-103 所示。

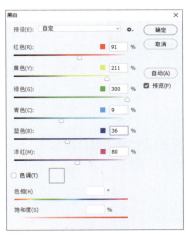

图 8-102

图 8-103

（4）在"图层"控制面板上方将"黑白"图层的混合模式设为"滤色"，如图 8-104 所示，图像效果如图 8-105 所示。

（5）按住 Ctrl 键的同时，选择"黑白"图层和"背景 拷贝"图层。按 Ctrl+E 组合键，合并选择的图层，将其重命名为"效果"。选择"图像 > 调整 > 色相 / 饱和度"命令，在弹出的对话框中进行设置，如图 8-106 所示，单击"确定"按钮，图像效果如图 8-107 所示。

图 8-104

图 8-105

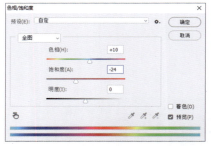

图 8-106

图 8-107

（6）按 Ctrl + O 组合键，打开云盘中的"Ch08 > 素材 > 制作旅游出行公众号封面首图 > 02"文件。选择"移动工具" ⊕ ，将"02"图像拖曳到 01 图像窗口中适当的位置，效果如图 8-108 所示，在"图层"控制面板中生成新的图层并将其命名为"文字"。旅游出行微信公众号封面首图制作完成。

图 8-108

8.2.7　通道混合器

打开一幅图像。选择"图像 > 调整 > 通道混合器"命令，弹出"通道混合器"对话框，各选项的设置如图 8-109 所示，单击"确定"按钮，图像效果如图 8-110 所示。

图 8-109

图 8-110

输出通道：用于选择要调整的通道。源通道：用于设置输出通道中源通道所占的百分比。常数：可以调整输出通道的灰度值。单色：用于将彩色图像转换为黑白图像。

 提示 所选图像的颜色模式不同，则"通道混合器"对话框中的选项也不同。

8.2.8 匹配颜色

"匹配颜色"命令用于对色调不同的图像进行调整，将它们统一成协调的色调。

打开两幅不同色调的图像，分别如图 8-111 和图 8-112 所示。选择需要调整的图像，这里选择图 8-112 所示的图像，选择"图像 > 调整 > 匹配颜色"命令，弹出"匹配颜色"对话框，在"源"下拉列表中选择匹配文件的名称，再设置其他选项，如图 8-113 所示，单击"确定"按钮，图像效果如图 8-114 所示。

图 8-111

图 8-112

图 8-113

图 8-114

目标：显示需要调整的文件的名称。

应用调整时忽略选区：勾选此复选框，将忽略图像中的选区，调整整幅图像的颜色，图像效果如图 8-115 所示；不勾选此复选框，将只调整选区内图像的颜色，图像效果如图 8-116 所示。

图 8-115

图 8-116

图像选项：可以通过拖曳滑块或输入数值来调整图像的明亮度、颜色强度和渐隐的数值。中和：用于确定是否消除图像中的色偏。图像统计：用于设置图像的颜色来源。

课堂练习——制作女装网店详情页主图

【练习知识要点】使用"替换颜色"命令更改人物衣服的颜色，使用矩形选框工具绘制选区并删除不需要的图像，最终效果如图 8-117 所示。

【效果所在位置】Ch08/ 效果 / 制作女装网店详情页主图 .psd。

图 8-117

课堂练习

制作女装网店
详情页主图

课后习题——制作数码影视公众号封面首图

【习题知识要点】使用"色相 / 饱和度"命令、"曲线"命令和"照片滤镜"命令调整图片的颜色，最终效果如图 8-118 所示。

【效果所在位置】Ch08/ 效果 / 制作数码影视公众号封面首图 .psd。

图 8-118

课后习题

制作数码影视
公众号封面首图

09

第 9 章
图层的应用

本章介绍

　　本章主要介绍图层的基本知识及应用技巧。通过本章的学习，学习者可以应用图层知识制作出多种图像效果，可以为图像快速添加样式效果，还可以单独对智能对象进行编辑。

学习目标

- 掌握图层混合模式的使用方法。
- 熟练掌握图层样式的添加技巧。
- 熟练掌握填充图层和调整图层的应用方法。
- 了解图层复合、盖印图层和智能对象的创建和编辑方法。

技能目标

- 掌握"家电网站首页 Banner"的制作方法。
- 掌握"计算器图标"的制作方法。
- 掌握"化妆品网店详情页主图"的制作方法。

素养目标

- 培养责任感和创造性思维。
- 培养良好的组织和管理能力。
- 培养能够通过学习和实践不断进取的能力。

9.1　图层混合模式

图层混合模式在图像处理及效果制作中被广泛应用，特别是在多幅图像合成方面更有独特的作用及较高的灵活性。

9.1.1　课堂案例——制作家电网站首页 Banner

【案例学习目标】学习使用图层混合模式和图层样式制作家电网站首页 Banner。

【案例知识要点】使用移动工具添加图像，使用图层混合模式和图层样式使图像融合，最终效果如图 9-1 所示。

图 9-1

【效果所在位置】Ch09/ 效果 / 制作家电网站首页 Banner.psd。

（1）按 Ctrl+N 组合键，弹出"新建文档"对话框，设置"宽度"为 1 920 像素，"高度"为 1 080 像素，"分辨率"为 72 像素，"颜色模式"为"RGB 颜色"，"背景内容"为"白色"，单击"创建"按钮，新建一个文件。

（2）将前景色设为黑灰色（33、33、33）。选择"矩形选框工具" ⬚，在图像窗口中绘制矩形选区。按 Alt+Delete 组合键，用前景色填充选区。按 Ctrl+D 组合键，取消选区，效果如图 9-2 所示。

（3）按 Ctrl+O 组合键，打开云盘中的"Ch09 > 素材 > 制作家电网站首页 Banner > 01、02"文件。选择"移动工具" ⊕，分别将"01"和"02"图像拖曳到新建文件的图像窗口中适当的位置，效果如图 9-3 所示。"图层"控制面板中生成新的图层，将其重命名为"吸尘器"和"效果"。

图 9-2

图 9-3

（4）在"图层"控制面板上方，将"效果"图层的混合模式设为"强光"，如图 9-4 所示，图像效果如图 9-5 所示。

（5）选中"吸尘器"图层。单击"图层"控制面板下方的"添加图层样式"按钮 *fx.*，在弹出的菜单中选择"投影"命令，在弹出的对话框中进行设置，如图 9-6 所示，单击"确定"按钮，图像效果如图 9-7 所示。

图 9-4   图 9-5

图 9-6   图 9-7

（6）按 Ctrl+O 组合键，打开云盘中的"Ch09 > 素材 > 制作家电网站首页 Banner > 03"文件。选择"移动工具"，将"03"图像拖曳到新建文件的图像窗口中适当的位置，效果如图 9-8 所示。"图层"控制面板中生成新的图层，将其重命名为"文字"。

（7）在"图层"控制面板上方，将"文字"图层的混合模式设为"浅色"，图像效果如图 9-9 所示。家电网站首页 Banner 制作完成。

图 9-8   图 9-9

9.1.2　不同的图层混合模式

图层混合模式的设置决定了当前图层中的图像与其下面图层中的图像以何种模式进行混合。

在"图层"控制面板中，"设置图层的混合模式"选项 正常 用于设定图层的混合模式，它包含 27 种图层混合模式。打开图 9-10 所示的图像，"图层"控制面板如图 9-11 所示。

图 9-10   图 9-11

在对"月亮"图层应用不同的图层混合模式后，图像效果如图 9-12 所示。

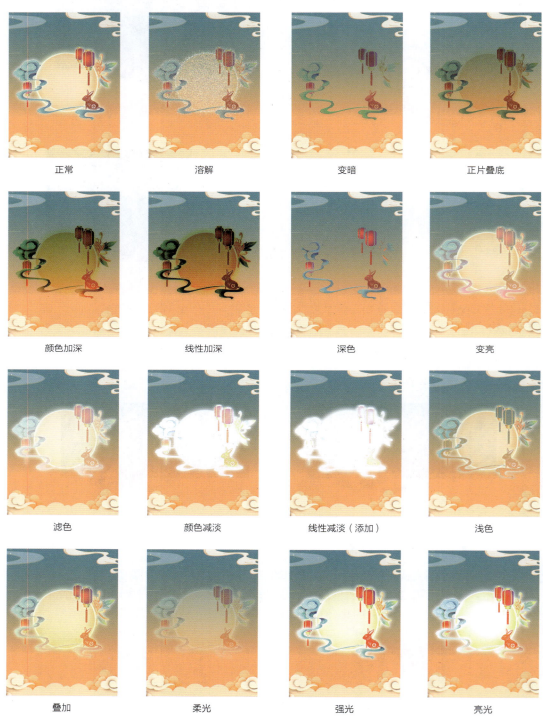

图 9-12

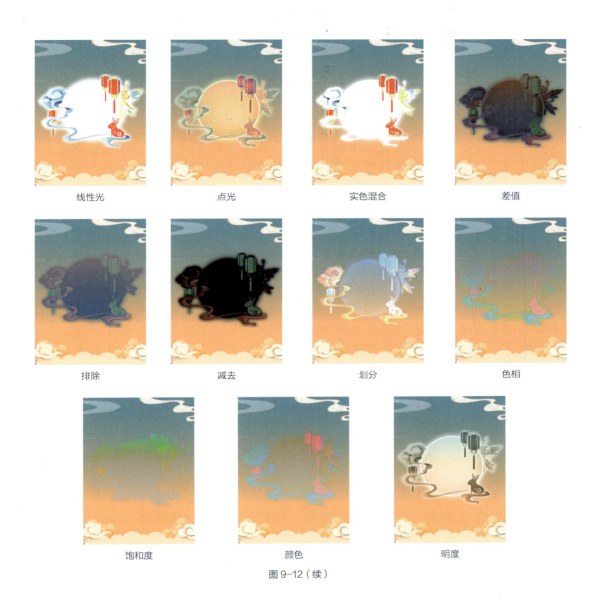

线性光　　　　　　　点光　　　　　　　实色混合　　　　　　差值

排除　　　　　　　减去　　　　　　　划分　　　　　　　色相

饱和度　　　　　　　　颜色　　　　　　　　明度

图 9-12（续）

9.2　图层样式

　　"图层样式"命令用于为图层添加不同的效果，使图层中的图像产生丰富的变化。

9.2.1　课堂案例——制作计算器图标

【案例学习目标】学习使用图层样式制作计算器图标。

【案例知识要点】使用圆角矩形工具和椭圆工具绘制图标底图和符号，使用图层样式制作立体效果，最终效果如图 9-13 所示。

【效果所在位置】Ch09/ 效果 / 制作计算器图标 .psd。

图 9-13

（1）按 Ctrl + N 组合键，弹出"新建文档"对话框，设置"宽度"为 8.5 厘米，"高度"为 8.5 厘米，"分辨率"为 150 像素 / 英寸，"颜色模式"为"RGB 颜色"，"背景内容"为"白色"，单击"创建"按钮，新建一个文件。

（2）选择"窗口 > 图案"命令，弹出"图案"控制面板。单击"图案"控制面板右上方的 ≡ 图标，弹出面板菜单，选择"旧版图案及其他"命令添加旧版图案，如图 9-14 所示。

（3）选择"油漆桶工具" ◇.，在属性栏中将"设置填充区域的源"选项设为"图案"，单击右侧的图案选项，弹出图案选择面板，在面板中选择"旧版图案及其他 > 旧版图案 > 彩色纸"中需要的图案，如图 9-15 所示。在图像窗口中单击填充图像，效果如图 9-16 所示。

图 9-14

图 9-15

图 9-16

（4）选择"圆角矩形工具" □.，将属性栏中的"选择工具模式"选项设为"形状"，"半径"选项设为 80 像素，在图像窗口中拖曳鼠标绘制圆角矩形，效果如图 9-17 所示。单击"图层"控制面板下方的"添加图层样式"按钮 fx.，在弹出的菜单中选择"斜面和浮雕"命令，弹出"图层样式"对话框，将"高光模式"的颜色设为浅青色（230、234、244），"阴影模式"的颜色设为深灰色（74、77、86），其他选项的设置如图 9-18 所示。

图 9-17

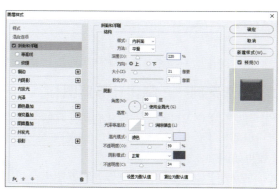

图 9-18

9.2.2 "样式"控制面板

"样式"控制面板用于存储各种图层特效，可以将其中的特效快速地套用在要编辑的对象中，节省操作步骤和操作时间。

打开一幅图像，如图 9-49 所示。选择要添加样式的图层。选择"窗口 > 样式"命令，弹出"样式"控制面板，单击右上方的 ☰ 图标，在弹出的面板菜单中选择"旧版样式及其他"命令，添加旧版图案，如图 9-50 所示。选择"凹凸"样式，如图 9-51 所示，图形被添加样式，效果如图 9-52 所示。

图 9-49　　　　　　　图 9-50　　　　　　　图 9-51　　　　　　　图 9-52

样式添加完成后，"图层"控制面板如图 9-53 所示。如果要删除其中某个样式，将其直接拖曳到"图层"控制面板下方的"删除图层"按钮 🗑 上即可，如图 9-54 所示。删除样式后的"图层"控制面板如图 9-55 所示。

图 9-53　　　　　　　图 9-54　　　　　　　图 9-55

9.2.3 常用的图层样式

Photoshop 提供了多种图层样式，可以为图像添加一种图层样式，也可以同时为图像添加多种图层样式。

单击"图层"控制面板右上方的 ☰ 图标，弹出面板菜单，选择"混合选项"命令，弹出"图层样式"对话框，如图 9-56 所示。此对话框用于对当前图层进行特殊效果的处理。勾选对话框左侧的任意复选框，将切换到相应的效果对话框。单击"图层"控制面板下方的"添加图层样式"按钮 fx，弹出的菜单如图 9-57 所示。

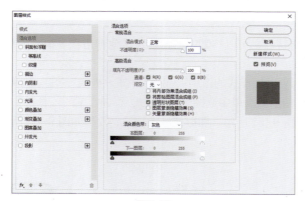

图 9-56   图 9-57

"斜面和浮雕"命令用于使图像产生一种倾斜与浮雕的效果，"描边"命令用于为图像描边，"内阴影"命令用于使图像内部产生阴影效果，"内发光"命令用于在图像的边缘内部产生一种辉光效果，"光泽"命令用于使图像产生一种光泽的效果。这 5 种命令的效果如图 9-58 所示。

斜面和浮雕　　　　　描边　　　　　　内阴影　　　　　　内发光　　　　　　光泽

图 9-58

"颜色叠加"命令用于使图像产生一种颜色叠加效果，"渐变叠加"命令用于使图像产生一种渐变叠加效果，"图案叠加"命令用于在图像上添加图案效果，"外发光"命令用于在图像的边缘外部产生一种辉光效果，"投影"命令用于使图像产生阴影效果。这 5 种命令的效果如图 9-59 所示。

颜色叠加　　　　　渐变叠加　　　　　图案叠加　　　　　外发光　　　　　　投影

图 9-59

9.3　应用填充图层和调整图层

填充图层和调整图层用于通过多种方式对图像进行填充和调整，使图像产生不同的效果。

9.3.1　课堂案例——制作化妆品网店详情页主图

【案例学习目标】学习使用调整图层调整图像。

【案例知识要点】使用曝光度调整图层和曲线调整图层调整图像的质感，最终效果如图 9-60 所示。

图 9-60

【效果所在位置】Ch09/ 效果 / 制作化妆品网店详情页主图 .psd。

（1）按 Ctrl+O 组合键，打开云盘中的"Ch09 > 素材 > 制作化妆品网店详情页主图 > 01"文件，如图 9-61 所示。将"背景"图层拖曳到"图层"控制面板下方的"创建新图层"按钮 ▣ 上进行复制，生成新的图层"背景 拷贝"。

（2）单击"图层"控制面板下方的"创建新的填充或调整图层"按钮 ◔.，在弹出的菜单中选择"曝光度"命令。"图层"控制面板中生成"曝光度 1"图层，同时弹出曝光度的"属性"控制面板，选项的设置如图 9-62 所示。按 Enter 键确定操作，图像效果如图 9-63 所示。

图 9-61　　　　　　　　　　　　图 9-62　　　　　　　　　　　　图 9-63

（3）单击"图层"控制面板下方的"创建新的填充或调整图层"按钮 ◔.，在弹出的菜单中选择"曲线'命令。"图层"控制面板中生成"曲线 1"图层，同时弹出曲线的"属性"控制面板。在曲线上单击添加控制点，将"输入"选项设为 200，"输出"选项设为 219，如图 9-64 所示。

（4）在曲线的"属性"控制面板中，在曲线上单击添加控制点，将"输入"选项设为 67，"输出"选项设为 41，如图 9-65 所示。按 Enter 键确定操作，图像效果如图 9-66 所示。

（5）按 Ctrl + O 组合键，打开云盘中的"Ch09 > 素材 > 制作化妆品网店详情页主图 > 02"文件。选择"移动工具" ⊕.，将"02"图像拖曳到"01"图像窗口中适当的位置，如图 9-67 所示。"图层"控制面板中生成新的图层，将其重命名为"装饰"。化妆品网店详情页主图制作完成。

图 9-64

图 9-65

图 9-66

图 9-67

9.3.2　填充图层

当需要新建填充图层时，选择"图层 > 新建填充图层"命令，子菜单中包含了 3 种填充方式，如图 9-68 所示。选择其中的一种方式，弹出"新建图层"对话框，如图 9-69 所示，单击"确定"按钮，将根据选择的填充方式弹出不同的填充对话框。

图 9-68

图 9-69

以渐变填充为例，相应的填充对话框如图 9-70 所示，单击"确定"按钮，"图层"控制面板和图像效果如图 9-71 和图 9-72 所示。

图 9-70

图 9-71

图 9-72

也可以单击"图层"控制面板下方的"创建新的填充和调整图层"按钮，在弹出的菜单中选择需要的填充方式。

9.3.3　调整图层

选择"图层 > 新建调整图层"命令，或单击"图层"控制面板下方的"创建新的填充或调整图层"按钮，弹出的菜单中包含 16 个调整图层命令，如图 9-73 所示。选择不同的调整图层命令，将弹出

"新建图层"对话框，如图 9-74 所示，单击"确定"按钮，将弹出对应的调整面板。以选择"色相 /
饱和度"命令为例，选项的设置如图 9-75 所示。按 Enter 键确定操作，"图层"控制面板和图像效
果如图 9-76 和图 9-77 所示。

图 9-73

图 9-74

图 9-75

图 9-76

图 9-77

9.4 图层复合、盖印图层与智能对象

使用"图层复合""盖印图层"和"智能对象"这 3 个命令可以提高制作图像的效率，快速地
得到所需效果。

9.4.1 图层复合

"图层复合"命令用于将同一文件中的不同图层效果组合并另存为多个"图层效果组合"，从
而更加方便、快捷地展示和比较不同图层组合设计的视觉效果。

1. "图层复合"控制面板

设计好的图像效果如图 9-78 所示，"图层"控制面板如图 9-79 所示。选择"窗口 > 图层复合"
命令，弹出"图层复合"控制面板，如图 9-80 所示。

图 9-78

图 9-79

图 9-80

2. 建立图层复合

单击"图层复合"控制面板右上方的≡图标，在弹出的面板菜单中选择"新建图层复合"命令，弹出"新建图层复合"对话框，如图 9-81 所示。单击"确定"按钮，建立"图层复合 1"，如图 9-82 所示，所建立的"图层复合 1"中存储的是当前制作的效果。

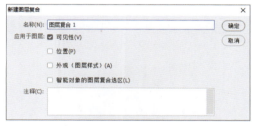

图 9-81

图 9-82

对图像进行修饰和编辑，图像效果如图 9-83 所示，"图层"控制面板如图 9-84 所示。选择"新建图层复合"命令，建立"图层复合 2"，如图 9-85 所示，所建立的"图层复合 2"中存储的是修饰和编辑后的效果。

3. 查看图层复合

在"图层复合"控制面板中，单击"图层复合 1"左侧的方框，显示图图标，如图 9-86 所示，可以观察"图层复合 1"中的图像，效果如图 9-87 所示。单击"图层复合 2"左侧的方框，显示图图标，如图 9-88 所示，可以观察"图层复合 2"中的图像，效果如图 9-89 所示。

图 9-83

图 9-84

图 9-85

图 9-86   图 9-87   图 9-88   图 9-89

9.4.2　盖印图层

盖印图层是指将图像窗口中所有当前显示出来的图像合并到一个新的图层中。

在"图层"控制面板中选中一个可见图层，如图 9-90 所示。按 Alt+Shift+Ctrl+E 组合键，执行"盖印图层"命令，将每个图层中的图像复制并合并到一个新的图层中，如图 9-91 所示。

图 9-90   图 9-91

提示　在执行盖印图层操作时，必须选中一个可见图层，否则将无法实现此操作。

9.4.3　智能对象

智能对象可以将一个或多个图层，甚至是矢量图文件包含在 Photoshop 文件中。以智能对象形式嵌入 Photoshop 文件中的位图文件或矢量图文件，与当前的 Photoshop 文件能够保持相对的独立性。当对 Photoshop 文件进行修改或对智能对象进行变形、旋转操作时，不会影响嵌入的位图文件或矢量图文件。

1. 创建智能对象

使用"置入"命令创建智能对象：选择"文件 > 置入"命令为当前的图像文件置入一个矢量图文件或位图文件。

使用"转换为智能对象"命令创建智能对象：选中一个或多个图层后，选择"图层 > 智能对象 > 转换为智能对象"命令，可以将选中的图层转换为智能对象图层。

使用"粘贴"命令创建智能对象：先在 Illustrator 中对对象进行复制，再回到 Photoshop 中将复制的对象粘贴。

2. 编辑智能对象

智能对象及"图层"控制面板中的效果如图 9-92 和图 9-93 所示。

双击"瓷瓶"图层的缩览图，Photoshop 将打开一个新文件，即智能对象"瓷瓶"，如图 9-94 所示。此智能对象文件包含一个普通图层，如图 9-95 所示。

图 9-92　　　　　　　　图 9-93　　　　　　　　图 9-94　　　　　　　　图 9-95

在智能对象文件中对图像进行修改并保存，效果如图 9-96 所示。修改操作将影响嵌入此智能对象文件的图像最终效果，如图 9-97 所示。

图 9-96　　　　　　　　　　　图 9-97

课堂练习——制作收音机图标

【**练习知识要点**】使用圆角矩形工具和椭圆工具绘制图标底图和符号，使用图层样式制作立体效果，最终效果如图 9-98 所示。

【**效果所在位置**】Ch09/ 效果 / 制作收音机图标 .psd。

图 9-98

课堂练习

制作收音机
图标

课后习题——制作生活摄影公众号首页次图

【习题知识要点】使用色彩平衡调整图层和画笔工具为衣服调色，最终效果如图 9-99 所示。

【效果所在位置】Ch09/ 效果 / 制作生活摄影公众号首页次图 .psd。

图 9-99

课后习题

制作生活摄影
公众号首页次图

10 第 10 章
文字的使用

本章介绍

　　本章主要介绍 Photoshop 中文字的输入和编辑方法。通过本章的学习，学习者可以了解并掌握文字工具的功能和特点，快速掌握点文字、段落文字的输入方法，以及变形文字的设置方法与路径文字的制作方法。

学习目标

- ✔ 熟练掌握文字的输入与编辑技巧。
- ✔ 熟练掌握文字的变形方法。
- ✔ 掌握在路径上创建并编辑文字的方法。

技能目标

- ✔ 掌握"家装网站首页 Banner"的制作方法。
- ✔ 掌握"霓虹字"的制作方法。
- ✔ 掌握"餐厅招牌面宣传单"的制作方法。

素养目标

- ✔ 培养准确的表达能力和语言理解能力。
- ✔ 培养坚韧的毅力与不懈奋斗的精神。
- ✔ 培养正确的价值导向。

文字的输入与编辑

使用文字工具可以输入文字，使用"字符"控制面板和"段落"控制面板可以对文字和段落进行调整。

10.1.1　课堂案例——制作家装网站首页 Banner

【案例学习目标】学习使用文字工具和"字符控制"面板添加文字。

【案例知识要点】使用矩形选框工具和椭圆选框工具制作阴影效果，使用图层样式制作投影效果，使用自然饱和度调整图层和照片滤镜调整图层调整图像色调，使用矩形工具绘制边框，使用横排文字工具和直排文字工具添加需要的文字，最终效果如图 10-1 所示。

【效果所在位置】Ch10/ 效果 / 制作家装网站首页 Banner.psd。

微课视频
扩展案例

制作家装网站
首页 Banner

制作服装饰品
App 首页 Banner

图 10-1

（1）按 Ctrl+N 组合键，弹出"新建文档"对话框，设置"宽度"为 1 920 像素，"高度"为 800 像素，"分辨率"为 300 像素 / 英寸，"颜色模式"为"RGB 颜色"，"背景内容"为"白色"，单击"创建"按钮，新建一个文件。

（2）按 Ctrl+O 组合键，打开云盘中的"Ch10 > 素材 > 制作家装网站首页 Banner > 01、02"文件，选择"移动工具" ，将"01"和"02"图像分别拖曳到新建文件的图像窗口中适当的位置，效果如图 10-2 所示。"图层"控制面板中生成新的图层，将其重命名为"底图"和"沙发"，如图 10-3 所示。

图 10-2

图 10-3

（3）新建一个图层并将其命名为"阴影 1"。将前景色设为黑色。选择"矩形选框工具" ，在属性栏中将"羽化"选项设为 20 像素，在图像窗口中拖曳鼠标绘制选区，如图 10-4 所示。按 Alt+Delete 组合键，用前景色填充选区，效果如图 10-5 所示。按 Ctrl+D 组合键，取消选区。

（4）将"阴影 1"图层拖曳到"沙发"图层的下方，图像效果如图 10-6 所示。使用相同的方法绘制另一个阴影，图像效果如图 10-7 所示，该阴影所在图层的名称设为"阴影 2"。

图 10-4

图 10-5

图 10-6

图 10-7

（5）新建一个图层并将其命名为"阴影3"。选择"椭圆选框工具" ○. ，在属性栏中选中"添加到选区"按钮 ，将"羽化"选项设为3像素，如图10-8所示。在图像窗口中拖曳鼠标绘制多个选区，效果如图10-9所示。

图 10-8

图 10-9

（6）按 Alt+Delete 组合键，用前景色填充选区。按 Ctrl+D 组合键，取消选区。在"图层"控制面板上方，将该图层的"不透明度"选项设为38%，按 Enter 键确定操作。将"阴影3"图层拖曳到"阴影2"图层的下方，"图层"控制面板如图10-10所示，图像效果如图10-11所示。

图 10-10

图 10-11

（7）按 Ctrl+O 组合键，打开云盘中的"Ch10 > 素材 > 制作家装网站首页 Banner > 03"文件。选择"移动工具" ，将"03"图像拖曳到新建文件的图像窗口中适当的位置，效果如图10-12所示。"图层"控制面板中生成新的图层，将其重命名为"小圆桌"。

（8）新建一个图层并将其命名为"阴影4"。选择"椭圆选框工具" ○. ，在属性栏中将"羽化"选项设为2像素，在图像窗口中拖曳鼠标绘制多个选区，如图10-13所示。按 Alt+Delete 组合键，用前景色填充选区。按 Ctrl+D 组合键，取消选区。在"图层"控制面板上方将该图层的"不透明度"选项设为29%，按 Enter 键确定操作，效果如图10-14所示。将"阴影4"图层拖曳到"小圆桌"图层的下方，效果如图10-15所示。

图 10-12

图 10-13

图 10-14

图 10-15

（9）使用相同的方法添加衣架并制作阴影，效果如图 10-16 所示。按 Ctrl+O 组合键，打开云盘中的"Ch10 > 素材 > 制作家装网站首页 Banner > 05"文件。选择"移动工具" ，将"05"图像拖曳到新建文件的图像窗口中适当的位置，效果如图 10-17 所示。"图层"控制面板中生成新的图层，将其重命名为"挂画"。

图 10-16

图 10-17

（10）单击"图层"控制面板下方的"添加图层样式"按钮 ，在弹出的菜单中选择"投影"命令，弹出"图层样式"对话框，选项的设置如图 10-18 所示，单击"确定"按钮，图像效果如图 10-19 所示。

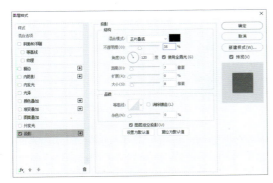

图 10-18

图 10-19

（11）单击"图层"控制面板下方的"创建新的填充或调整图层"按钮 ，在弹出的菜单中选择"自然饱和度"命令，"图层"控制面板生成"自然饱和度 1"图层，同时弹出自然饱和度的"属性"控制面板，选项的设置如图 10-20 所示。按 Enter 键确定操作，图像效果如图 10-21 所示。

图 10-20

图 10-21

（12）单击"图层"控制面板下方的"创建新的填充或调整图层"按钮 ⬤ ，在弹出的菜单中选择"照片滤镜"命令，"图层"控制面板生成"照片滤镜 1"图层，同时弹出照片滤镜的"属性"控制面板，将"滤镜"选项设为"青"，其他选项的设置如图 10-22 所示。按 Enter 键确定操作，图像效果如图 10-23 所示。

图 10-22

图 10-23

（13）选择"矩形工具" ▭ ，在属性栏中将"选择工具模式"选项设为"形状"，将"填充"颜色设为无，"描边"颜色设为浅灰色（112、112、111），"描边宽度"选项设为 2.5 像素，在图像窗口中拖曳鼠标绘制矩形，效果如图 10-24 所示。"图层"控制面板中生成新的形状图层"矩形 1"。将该图层的"不透明度"选项设为 60%，如图 10-25 所示。按 Enter 键确定操作，效果如图 10-26 所示。

（14）选择"移动工具" ✛ ，按住 Alt 键的同时，将矩形拖曳到适当的位置，复制矩形，"图层"控制面板中生成新的形状图层"矩形 1 拷贝"。选择"矩形工具" ▭ ，在属性栏中将"描边"颜色设为深灰色（67、67、67），效果如图 10-27 所示。

图 10-24

图 10-25

图 10-26

图 10-27

（15）选择"横排文字工具" T ，在适当的位置输入需要的文字并选取文字。选择"窗口 > 字符"命令，弹出"字符"控制面板，将"颜色"选项设为灰色（75、75、75），其他选项的设置如图 10-28 所示。按 Enter 键确定操作，效果如图 10-29 所示。再次在适当的位置输入需要的文字并选取文字，在"字符"控制面板中进行设置，如图 10-30 所示。按 Enter 键确定操作，效果如图 10-31 所示。

图 10-28

图 10-29

图 10-30

图 10-31

（16）选择"直排文字工具" ，在适当的位置输入需要的文字并选取文字。在"字符"控制面板中，将"颜色"选项设为灰色（75、75、75），其他选项的设置如图 10-32 所示。按 Enter 键确定操作，效果如图 10-33 所示。

（17）按 Ctrl+O 组合键，打开云盘中的"Ch10 > 素材 > 制作家装网站首页 Banner > 06"文件。选择"移动工具" ，将"06"图像拖曳到新建文件的图像窗口中适当的位置，效果如图 10-34 所示。"图层"控制面板中生成新的图层，将其重命名为"花瓶"。家装网站首页 Banner 制作完成。

图 10-32

图 10-33

图 10-34

10.1.2　输入横排、直排文字

选择"横排文字工具" T.，或按 T 键选择横排文字工具，此时属性栏如图 10-35 所示。

图 10-35

切换文本取向 ：用于切换文字的输入方向。

Adobe 黑体 Std：用于设置文字的字体及字体样式。

T 12点：用于设置字体大小。

aa 锐利：用于设置消除文字的锯齿的方法，包括无、锐利、犀利、浑厚和平滑 5 种方法。

：用于设置文字的段落格式，从左至右分别是左对齐、居中对齐和右对齐。

：用于设置文字的颜色。

创建文字变形 工：用于对文字进行变形操作。

切换字符和段落面板 ：用于打开"段落"和"字符"控制面板。

取消所有当前编辑 ⊘：在输入文字的状态下会显示此按钮，用于取消对文字的操作。

提交所有当前编辑 ✓：在输入文字的状态下会显示此按钮，用于确定对文字的操作。

从文本创建 3D ：用于从文字图层创建 3D 对象。

选择"直排文字工具" ，可以在图像中创建直排文字。直排文字工具属性栏和横排文字工具属性栏的功能基本相同，这里就不赘述了。

10.1.3　创建文字形状选区

选择"横排文字蒙版工具" T.，可以在图像中创建横排文字的选区。横排文字蒙版工具属性栏和横排文字工具属性栏的功能基本相同。

选择"直排文字蒙版工具" ，可以在图像中创建直排文字的选区。直排文字蒙版工具属性栏和直排文字工具属性栏的功能基本相同。

10.1.4　字符设置

"字符"控制面板用于编辑文本。

选择"窗口 > 字符"命令，弹出"字符"控制面板，如图 10-36 所示。

图 10-36

字体 Adobe 黑体 Std：单击选项右侧的 按钮，可在下拉列表中选择字体。

字体大小 12 点：可以在选项的数值框中直接输入数值；也可以单击选项右侧的 按钮，在下拉列表中选择表示字体大小的数值。

设置行距（自动）：在选项的数值框中直接输入数值，或单击选项右侧的 按钮，在下拉列表中选择需要的行距数值，可以调整文本的行距，效果如图 10-37 所示。

行距为自动时的效果　　　　数值为 72 时的效果　　　　数值为 100 时的效果

图 10-37

设置两个字符间的字距微调 0：在两个字符间插入光标，在选项的数值框中输入数值，或单击选项右侧的 按钮，在下拉列表中选择需要的字距数值，可以调整这两个字符的间距。输入正值时，字符的间距加大；输入负值时，字符的间距缩小，效果如图 10-38 所示。

数值为 0 时的效果　　　　数值为 200 时的效果　　　　数值为 –100 时的效果

图 10-38

设置所选字符的字距调整 0：在选项的数值框中直接输入数值，或单击选项右侧的 按钮，在下拉列表中选择字距数值，可以调整文本的字距。输入正值时，字距加大；输入负值时，字距缩小，效果如图 10-39 所示。

数值为 0 时的效果　　　　数值为 75 时的效果　　　　数值为 –75 时的效果

图 10-39

设置所选字符的比例间距 0%：在下拉列表中选择百分比数值，可以对所选字符的比例间距进行细微的调整，效果如图 10-40 所示。

数值为 0% 时的效果　　　　数值为 100% 时的效果

图 10-40

垂直缩放 ⅠT 100% ：在选项的数值框中输入数值，可以调整字符的高度，效果如图 10-41 所示。

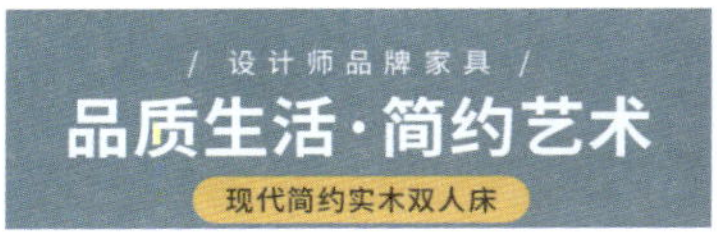

数值为 100% 时的效果 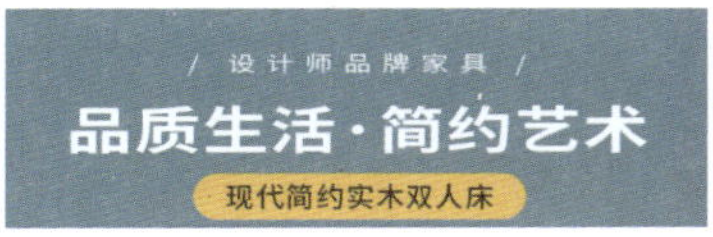　　　　　数值为 80% 时的效果 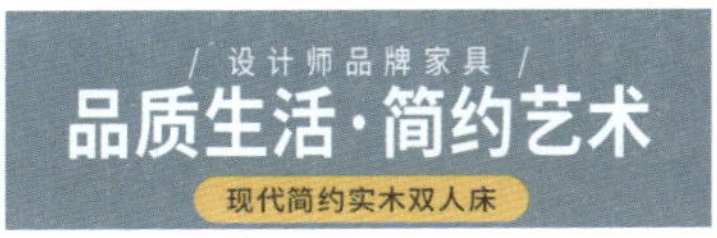　　　　　数值为 120% 时的效果

图 10-41

水平缩放 Ⅰ 100% ：在选项的数值框中输入数值，可以调整字符的宽度，效果如图 10-42 所示。

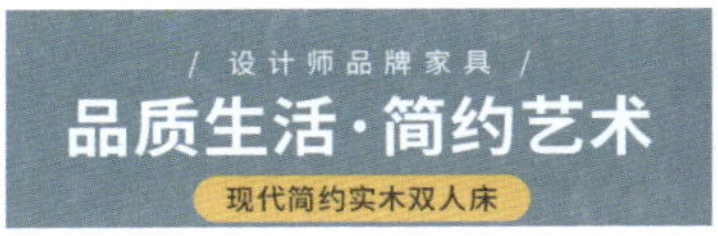

数值为 100% 时的效果 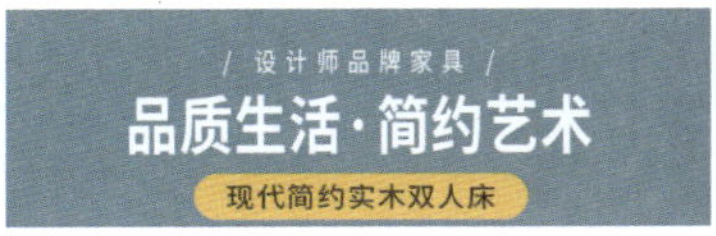　　　　　数值为 80% 时的效果 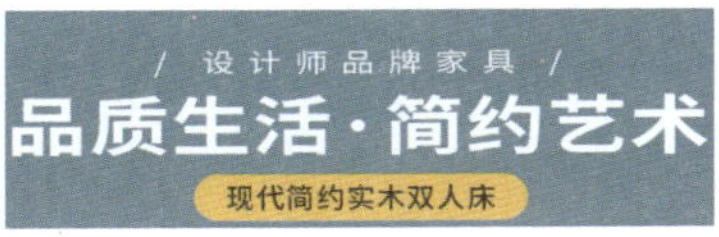　　　　　数值为 120% 时的效果

图 10-42

设置基线偏移 A↕ 0点 ：选中字符，在选项的数值框中输入数值，可以使字符上下或左右移动。输入正值时，使横排字符上移，使直排字符右移；输入负值时，使横排字符下移，使直排字符左移，效果如图 10-43 所示。

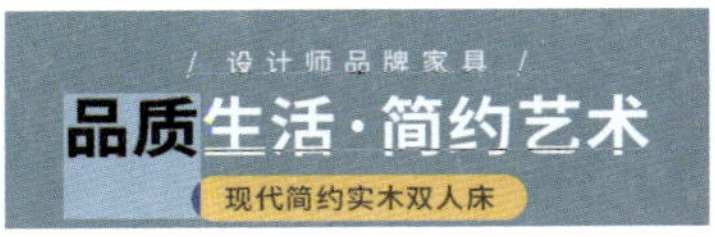

选中字符 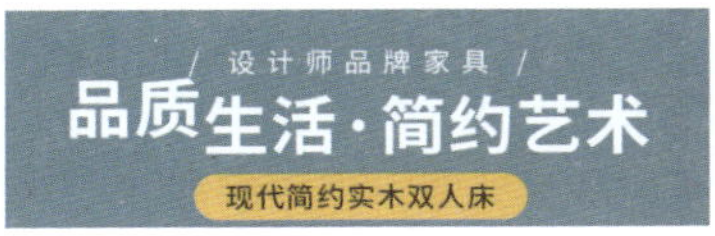　　　　　　　　数值为 20 时的效果 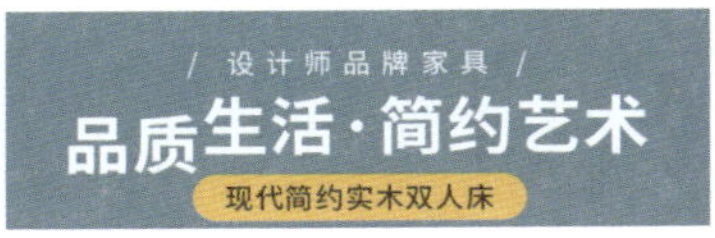　　　　　数值为 -20 时的效果

图 10-43

设置文本颜色 ▮▮ ：在图标上单击，弹出"选择文本颜色"对话框，在对话框中设置需要的颜色后，单击"确定"按钮，可改变文字的颜色。

设置字符形式 T 𝐼 TT Tr T¹ T₁ T̲ 𝐓 ：从左到右依次为"仿粗体"按钮 T 、"仿斜体"按钮 𝐼 、"全部大写字母"按钮 TT 、"小型大写字母"按钮 Tr 、"上标"按钮 T¹ 、"下标"按钮 T₁ 、"下划线"按钮 T̲ 和"删除线"按钮 𝐓 。单击不同的按钮，可设置不同的字符形式，效果如图 10-44 所示。

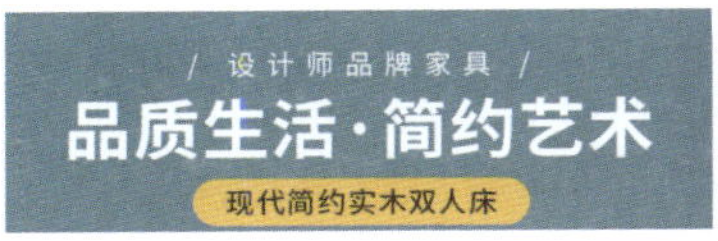

正常效果 　　　　　　　　仿粗体效果 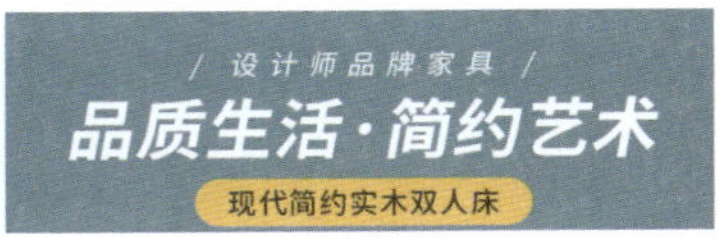　　　　　　　　仿斜体效果

全部大写字母效果 　　　　小型大写字母效果 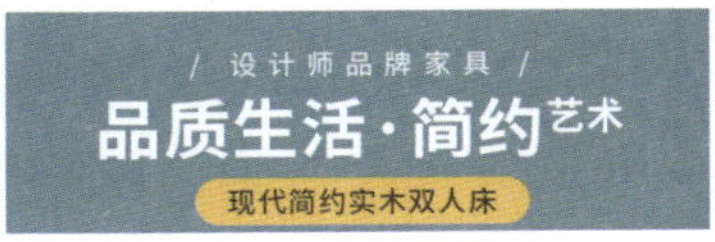　　　　上标效果

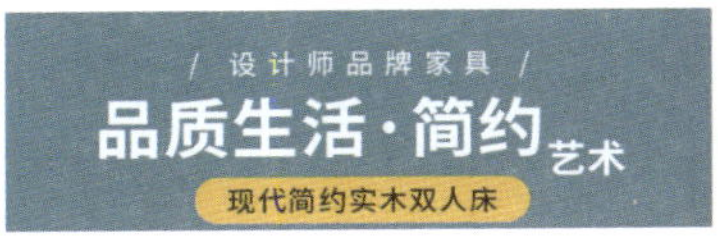

下标效果 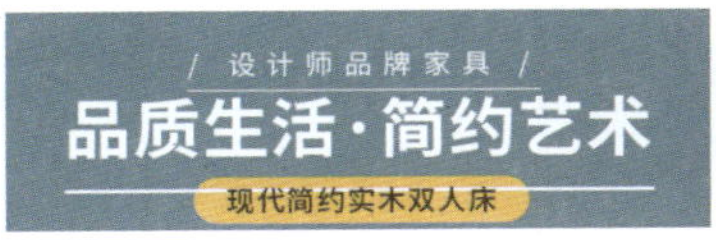　　　　　　　　下划线效果 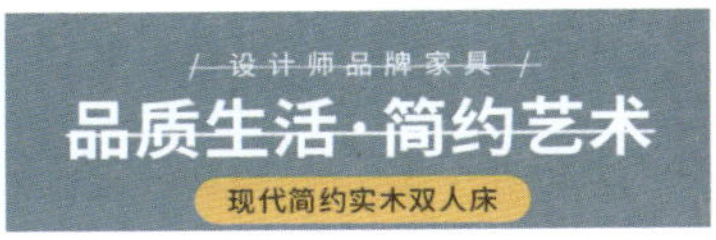　　　　　　　　删除线效果

图 10-44

语言设置 美国英语 ▾：单击选项右侧的 ▾ 按钮，可在下拉列表中选择需要的语言，主要用于拼写检查和连字符的设定。

设置消除锯齿的方法 ᵃª 锐利 ▾：包括无、锐利、犀利、浑厚和平滑 5 种消除锯齿的方法。

10.1.5　栅格化文字

"图层"控制面板中的文字图层如图 10-45 所示，要栅格化文字，可以选择"图层 > 栅格化 > 文字"命令，将文字图层转换为图像图层，如图 10-46 所示；也可以在文字图层上单击鼠标右键，在弹出的快捷菜单中选择"栅格化文字"命令；还可以选择"文字 > 栅格化文字图层"命令。

图 10-45　　　　　　　　　　　　　　　图 10-46

10.1.6　输入段落文字

打开一幅图像。选择"横排文字工具" T.，将鼠标指针移动到图像窗口中，鼠标指针变为 Ⅰ 图标。在图像窗口中拖曳鼠标创建一个段落定界框，如图 10-47 所示。插入点显示在段落定界框的左上角，段落定界框具有自动换行功能，如果输入的文字较多，则当文字遇到段落定界框时，会自动换到下一行显示。输入文字，效果如图 10-48 所示。

图 10-47　　　　　　　　　　　　　　　图 10-48

如果输入的文字需要分段落，可以按 Enter 键进行操作。还可以对段落定界框进行旋转、拉伸等操作。

10.1.7　编辑段落文字的定界框

将鼠标指针放在定界框的控制点上，鼠标指针变为 ↘ 图标，如图 10-49 所示。拖曳鼠标可以按需求缩放定界框，如图 10-50 所示。如果按住 Shift 键的同时拖曳鼠标，可以成比例地缩放定界框。

图 10-49　　　　　　　　　　　　　　　图 10-50

将鼠标指针放在定界框的外侧，鼠标指针变为↬图标，此时拖曳鼠标可以旋转定界框，如图 10-51 所示。按住 Ctrl 键的同时，将鼠标指针放在定界框的外侧，鼠标指针变为↳图标，拖曳鼠标可以改变定界框的倾斜度，效果如图 10-52 所示。

图 10-51

图 10-52

10.1.8　段落设置

选择"窗口 > 段落"命令，弹出"段落"控制面板，如图 10-53 所示。

图 10-53

▤▤▤：用于调整段落中每行的对齐方式，包括左对齐、中间对齐、右对齐。

▤▤▤：用于调整段落的对齐方式，包括段落最后一行左对齐、段落最后一行中间对齐、段落最后一行右对齐。

全部对齐▤：用于设置整个段落中的行两端对齐。

左缩进→▤：在选项的数值框中输入数值可以设置段落左端的缩进量。

右缩进▤←：在选项的数值框中输入数值可以设置段落右端的缩进量。

首行缩进*▤：在选项的数值框中输入数值可以设置段落第一行的左端缩进量。

段前添加空格*▤：在选项的数值框中输入数值可以设置当前段落与前一段落的距离。

段后添加空格→▤：在选项的数值框中输入数值可以设置当前段落与后一段落的距离。

避头尾法则设置、间距组合设置：用于设置段落的样式。

连字：用于设置文字是否与连字符连接。

10.1.9　横排文字与直排文字的转换

打开一幅图像。在图像窗口中输入直排文字，如图 10-54 所示。选择"文字 > 文本排列方向 > 横排"命令，文字将变为横排文字，如图 10-55 所示。横排文字转换为直排文字同理。

图 10-54

图 10-55

10.1.10　文字的转换

1. 点文字与段落文字的转换

建立点文字图层，选择"文字 > 转换为段落文本"命令，即可将点文字图层转换为段落文字图层。要将建立的段落文字图层转换为点文字图层，选择"文字 > 转换为点文本"命令即可。

2. 将文字转换为路径

打开一幅图像。在图像中添加文字，如图 10-56 所示。选择"文字 > 创建工作路径"命令，将文字转换为路径，效果如图 10-57 所示。

图 10-56　　　　　　　　　　　　　　　　　　图 10-57

3. 将文字转换为形状

打开一幅图像。在图像中添加文字，如图 10-56 所示。选择"文字 > 转换为形状"命令，将文字转换为形状，效果如图 10-58 所示。在"图层"控制面板中，文字图层转换为形状图层，如图 10-59 所示。

图 10-58　　　　　　　　　　　　　　　　　　图 10-59

10.2　文字变形

使用"文字变形"命令，可以根据需要对输入完成的文字进行各种变形。

10.2.1　课堂案例——制作霓虹字

【案例学习目标】学习使用"文字变形"命令制作变形文字。

【案例知识要点】使用横排文字工具输入文字，使用"文字变形"命令制作变形文字，使用图层样式为文字添加特殊效果，最终效果如图 10-60 所示。

【效果所在位置】Ch10/ 效果 / 制作霓虹字 .psd。

图 10-60

微课视频

制作霓虹字

扩展案例

制作购物节
Banner 广告

（1）按 Ctrl+O 组合键，打开云盘中的 "Ch10 > 素材 > 制作霓虹字 > 01" 文件，如图 10-61 所示。选择 "横排文字工具" T.，在适当的位置输入需要的文字并选取文字，"图层" 控制面板中生成新的文字图层。选择 "窗口 > 字符" 命令，弹出 "字符" 控制面板，将 "颜色" 选项设为白色，其他选项的设置如图 10-62 所示。按 Enter 键确定操作，效果如图 10-63 所示。

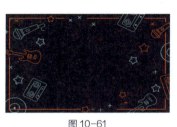

图 10-61　　　　　　　　　　图 10-62　　　　　　　　　　图 10-63

（2）单击 "图层" 控制面板下方的 "添加图层样式" 按钮 fx，在弹出的菜单中选择 "描边" 命令，弹出 "图层样式" 对话框，将描边颜色设为白色，其他选项的设置如图 10-64 所示。勾选 "内发光" 复选框，切换到相应的对话框，将发光颜色设为玫红色（207、11、101），其他选项的设置如图 10-65 所示。

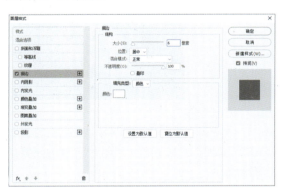
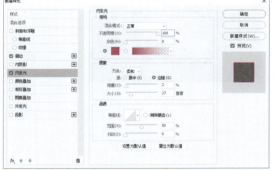

图 10-64　　　　　　　　　　　　　　图 10-65

（3）勾选 "外发光" 复选框，切换到相应的对话框，将发光颜色设为玫红色（207、11、101），其他选项的设置如图 10-66 所示，单击 "确定" 按钮，图像效果如图 10-67 所示。

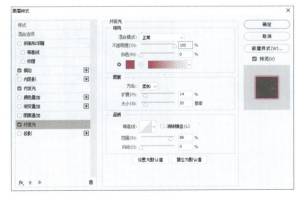

图 10-66　　　　　　　　　　　　　图 10-67

（4）选择"文字 > 文字变形"命令，弹出"变形文字"对话框，选项的设置如图 10-68 所示，单击"确定"按钮，文字效果如图 10-69 所示。

图 10-68　　　　　　　　　　　　　　　　　　　　图 10-69

（5）选择"椭圆工具"，将属性栏中的"选择工具模式"选项设为"形状"，"填充"颜色设为无，"描边"颜色设为白色，"粗细"选项设为 11 像素，按住 Shift 键的同时，在图像窗口中绘制一个圆形，效果如图 10-70 所示。"图层"控制面板中生成新的形状图层"椭圆 1"。将"椭圆 1"图层拖曳到文字图层的下方，如图 10-71 所示，图像效果如图 10-72 所示。

图 10-70　　　　　　　　　　图 10-71　　　　　　　　　　图 10-72

（6）单击"图层"控制面板下方的"添加图层样式"按钮 *fx*，在弹出的菜单中选择"外发光"选项，弹出"图层样式"对话框，将发光颜色设为玫红色（207、11、101），其他选项的设置如图 10-73 所示，单击"确定"按钮，图像效果如图 10-74 所示。

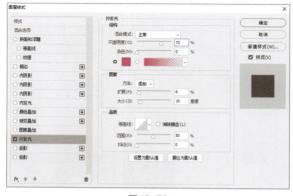

图 10-73　　　　　　　　　　　　　　　　　　　　图 10-74

（7）选择"横排文字工具"[T]，在适当的位置输入需要的文字并选取文字，"图层"控制面板中生成新的文字图层。在"字符"控制面板中，将"颜色"选项设为黄色（228、205、48），其他选项的设置如图 10-75 所示。按 Enter 键确定操作，图像效果如图 10-76 所示。霓虹字制作完成。

图 10-75

图 10-76

10.2.2　创建并编辑变形文字

应用"变形文字"对话框可以对文字进行多种样式的变形，如扇形、旗帜、波浪、膨胀、扭转等样式。

1. 制作变形文字

打开一幅图像。选择"横排文字工具" T，在图像窗口中输入文字，如图 10-77 所示。单击属性栏中的"创建文字变形"按钮 工，弹出"变形文字"对话框，如图 10-78 所示。"样式"下拉列表中包含多种变形样式，如图 10-79 所示。应用不同的变形样式后，效果如图 10-80 所示。

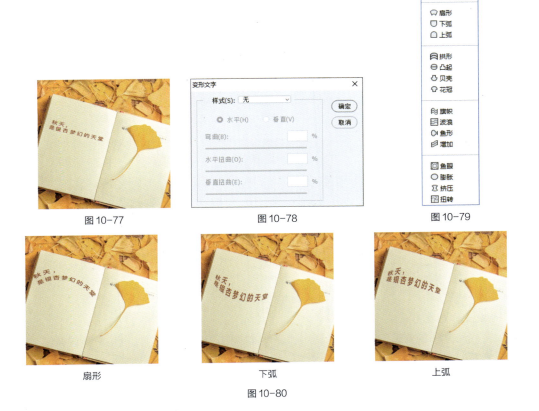

图 10-77　　　　　　　　图 10-78　　　　　　　　图 10-79

扇形　　　　　　　　　　下弧　　　　　　　　　　上弧

图 10-80

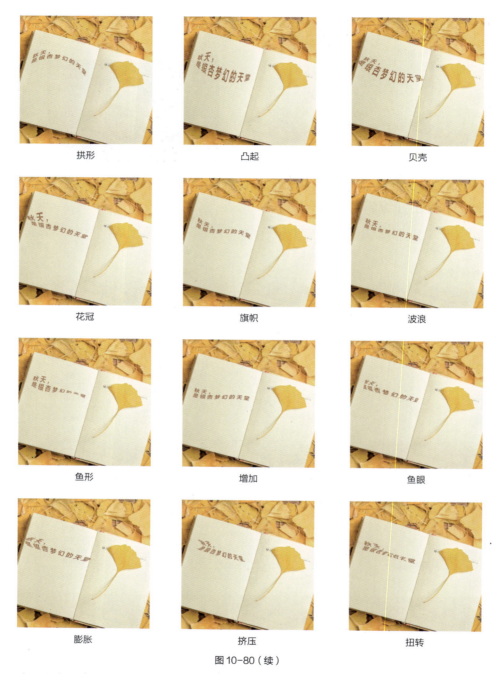

图 10-80（续）

2. 修改文字的变形效果

如果要修改文字的变形效果，可以调出"变形文字"对话框，在对话框中重新设置样式或更改当前应用样式的设置。

3. 取消文字的变形效果

如果要取消文字的变形效果，可以调出"变形文字"对话框，在"样式"下拉列表中选择"无"选项。

10.3 路径文字

在 Photoshop 中，可以像在 Illustrator 中一样把文字沿着路径放置。在 Photoshop 中创建的路径文字还可以在 Illustrator 中直接编辑。

10.3.1 课堂案例——制作餐厅招牌面宣传单

【案列学习目标】学习使用绘图工具和文字工具制作餐厅招牌面宣传单。

【案例知识要点】使用移动工具添加图像，使用椭圆工具、横排文字工具和"字符控制"面板制作路径文字，使用横排文字工具和矩形工具添加其他信息，最终效果如图 10-81 所示。

【效具所在位置】Ch10/ 效果 / 制作餐厅招牌面宣传单 .psd。

图 10-81

（1）按 Ctrl+O 组合键，打开云盘中的"Ch10 > 素材 > 制作餐厅招牌面宣传单 > 01、02"文件。选择"移动工具" ，将"02"图像拖曳到"01"图像窗口中适当的位置，效果如图 10-82 所示。"图层"控制面板中生成新的图层，将其重命名为"面"。

（2）单击"图层"控制面板下方的"添加图层样式"按钮 ，在弹出的菜单中选择"投影"命令，在弹出的对话框中进行设置，如图 10-83 所示，单击"确定"按钮，效果如图 10-84 所示。

图 10-82   图 10-83   图 10-84

（3）选择"椭圆工具" ，将属性栏中的"选择工具模式"选项设为"路径"，在图像窗口中绘制一个椭圆形路径，效果如图 10-85 所示。

（4）选择"横排文字工具" ，将鼠标指针放置在路径上，鼠标指针变为 图标，单击后出现一个带有选中文字的文字区域，单击处为输入文字的起始点，输入需要的文字。选取文字，在属性栏中选择合适的字体并设置字体大小，将文本颜色设为白色，效果如图 10-86 所示。"图层"控制面板中生成新的文字图层。

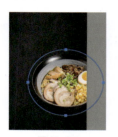

图 10-85

图 10-86

（5）选取文字。按 Ctrl+T 组合键，弹出"字符"控制面板，将"设置所选字符的字距调整" VA 0 选项设置为 -450，其他选项的设置如图 10-87 所示。按 Enter 键确定操作，效果如图 10-88 所示。

图 10-87

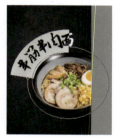

图 10-88

（6）选取文字"筋半肉面"。在属性栏中设置字体大小，效果如图 10-89 所示。在文字"肉"右侧单击插入光标，在"字符"控制面板中，将"设置两个字符间的字距微调" VA 0 选项设置为 60，其他选项的设置如图 10-90 所示。按 Enter 键确定操作，效果如图 10-91 所示。

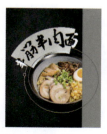

图 10-89

图 10-90

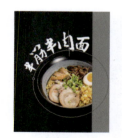

图 10-91

（7）用步骤（3）~（6）所述方法制作其他路径文字，效果如图 10-92 所示。按 Ctrl+O 组合键，打开云盘中的"Ch10 > 素材 > 制作餐厅招牌面宣传单 > 03"文件，选择"移动工具" ⊕，将"03"图像拖曳到图像窗口中适当的位置，效果如图 10-93 所示。"图层"控制面板中生成新的图层，将其重命名为"筷子"。

（8）选择"横排文字工具" T，在适当的位置输入需要的文字并选取文字，在属性栏中选择合适的字体并设置字体大小，将文本颜色设为浅棕色（209、192、165），效果如图 10-94 所示。"图层"控制面板中生成新的文字图层。

图 10-92

图 10-93

图 10-94

（9）选择"横排文字工具" T,，在适当的位置输入需要的文字并选取文字，在属性栏中选择合适的字体并设置字体大小，将文本颜色设为白色，效果如图 10-95 所示。"图层"控制面板中生成新的文字图层。

（10）选取文字"订餐……**"。在"字符"控制面板中，将"设置所选字符的字距调整" VA 0 选项设为 75，其他选项的设置如图 10-96 所示。按 Enter 键确定操作，效果如图 10-97 所示。

图 10-95

图 10-96

图 10-97

（11）选取"400-78**89**"。在属性栏中选择合适的字体并设置字体大小，效果如图 10-98 所示。选取符号"**"。在"字符"控制面板中，将"设置基线偏移" A⁺ 0 点 选项设为 −15 点，其他选项的设置如图 10-99 所示。按 Enter 键确定操作，效果如图 10-100 所示。

图 10-98

图 10-99

图 10-100

（12）用相同的方法调整另一组符号的基线偏移，效果如图 10-101 所示。选择"横排文字工具" T,，在适当的位置输入需要的文字并选取文字，在属性栏中选择合适的字体并设置字体大小，将文本颜色设为浅棕色（209、192、165），效果如图 10-102 所示。"图层"控制面板中生成新的文字图层。

图 10-101

图 10-102

（13）在"字符"控制面板中，将"设置所选字符的字距调整" VA 0 选项设为 340，其他选项的设置如图 10-103 所示。按 Enter 键确定操作，效果如图 10-104 所示。

图 10-103

图 10-104

（14）选择"矩形工具" □ ，将属性栏中的"选择工具模式"选项设为"形状"，"填充"颜色设为浅棕色（209、192、165），"描边"颜色设为无，在图像窗口中绘制一个矩形，效果如图 10-105 所示。"图层"控制面板中生成新的形状图层"矩形 1"。

（15）选择"横排文字工具" T ，在适当的位置输入需要的文字并选取文字，在属性栏中选择合适的字体并设置字体大小，将文本颜色设为黑色，效果如图 10-106 所示。"图层"控制面板中生成新的文字图层。

图 10-105

图 10-106

（16）在"字符"控制面板中，将"设置所选字符的字距调整" VA 0 选项设为 340，其他选项的设置如图 10-107 所示。按 Enter 键确定操作，效果如图 10-108 所示。餐厅招牌面宣传单制作完成，效果如图 10-109 所示。

图 10-107

图 10-108

图 10-109

10.3.2　在路径上创建并编辑文字

应用路径可以将输入的文字排列成需要的效果。创建文字时，可以将文字创建在路径上，并应用路径对文字进行调整。

1．在路径上创建文字

打开一幅图像。选择"椭圆工具" ，在属性栏中将"选择工具模式"选项设为"路径"，按住 Shift 键的同时，在图像窗口中绘制圆形路径，如图 10-110 所示。选择"横排文字工具" T.，将鼠标指针放在路径上，鼠标指针变为 I 图标，如图 10-111 所示。单击路径后出现闪烁的光标，单击处为输入文字的起始点。输入的文字会沿着路径进行排列，效果如图 10-112 所示。

图 10-110

图 10-111

图 10-112

> **提示**　"路径"控制面板中的文字路径图层与"图层"控制面板中相对应的文字图层是相链接的，删除文字图层时，与其链接的文字路径图层会自动被删除，删除其他工作路径不会对文字的排列产生影响。如果要修改文字的排列形状，需要对文字路径进行修改。

文字输入完成后，"路径"控制面板中会自动生成文字路径图层，如图 10-113 所示。选择"视图 > 显示额外内容"命令，取消命令的选中状态，可以隐藏文字路径，如图 10-114 所示。

图 10-113

图 10-114

2．在路径上移动文字

选择"路径选择工具" ▶，将鼠标指针放置在文字上，鼠标指针变为 ▶ 图标，如图 10-115 所示。沿着路径拖曳文字，可以移动文字，效果如图 10-116 所示。

图 10-115

图 10-116

3．在路径上翻转文字

选择"路径选择工具" ，将鼠标指针放置在文字上，鼠标指针变为 图标，如图 10-117 所示。将文字沿路径向下拖曳，可以沿路径翻转文字，效果如图 10-118 所示。

图 10-117

图 10-118

4．修改路径绕排文字的形态

创建路径绕排文字后，同样可以编辑文字绕排的路径。选择"直接选择工具" ，在路径上单击，路径上显示出控制手柄，拖曳控制手柄修改路径的形状，如图 10-119 所示。文字会按照修改后的路径进行排列，效果如图 10-120 所示。

图 10-119

图 10-120

课堂练习——制作女装类公众号封面首图

【练习知识要点】使用钢笔工具绘制形状，使用"剪贴蒙版"命令调整图像显示区域，使用横排文字工具和"字符控制"面板输入并编辑文字，最终效果如图 10-121 所示。

【效果所在位置】Ch10/ 效果 / 制作女装类公众号封面首图 .psd。

课堂练习

制作女装类
公众号封面首图

图 10-121

课后习题——制作服饰类 App 主页 Banner

【习题知识要点】使用横排文字工具输入文字，使用"栅格化文字"命令将文字转换为图像，使用"变换"命令制作文字特效，使用图层样式添加文字描边，使用钢笔工具绘制高光，使用多边形套索工具绘制装饰图形，最终效果如图 10-122 所示。

【效果所在位置】Ch10/ 效果 / 制作服饰类 App 主页 Banner.psd。

图 10-122

课后习题

制作服饰类 App
主页 Banner

第 11 章
通道的应用

本章介绍

  本章主要介绍通道的基本操作、通道的运算以及通道蒙版，通过多个课堂案例进一步讲解通道命令的使用方法。通过本章的学习，学习者能够快速地掌握通道的知识要点，并能够合理地利用通道设计与制作作品。

学习目标

- 了解"通道"控制面板。
- 熟练掌握创建、复制、删除通道的方法。
- 了解专色通道，掌握分离通道命令与合并通道命令的使用方法。
- 掌握通道的运算和蒙版的应用。

技能目标

- 掌握"婚纱摄影类公众号运营海报"的制作方法。
- 掌握"活力青春公众号封面首图"的制作方法。
- 掌握"女性健康公众号首页次图"的制作方法。
- 掌握"婚纱摄影类公众号封面首图"的制作方法。

素养目标

- 培养自主获取信息和评估的能力。
- 培养责任感和团队合作精神。
- 培养能够对信息加工处理，并合理使用的能力。

11.1 通道的基本操作

利用"通道"控制面板可以进行创建、复制、删除、分离与合并通道等操作。

11.1.1 课堂案例——制作婚纱摄影类公众号运营海报

【案例学习目标】学习使用"通道"控制面板抠出人物。

【案例知识要点】使用钢笔工具绘制选区，使用"色阶"命令调整图像，使用"通道"控制面板和"计算"命令抠出人物，最终效果如图 11-1 所示。

【效果所在位置】Ch11/ 效果 / 制作婚纱摄影类公众号运营海报 .psd。

微课视频　　　扩展案例

制作婚纱摄影类　　制作柠檬茶
公众号运营海报　　宣传广告

图 11-1

（1）按 Ctrl+O 组合键，打开云盘中的"Ch11 > 素材 > 制作婚纱摄影类公众号运营海报 > 01"文件，如图 11-2 所示。

（2）选择"钢笔工具" ，在属性栏中将"选择工具模式"选项设为"路径"，沿着人物的轮廓绘制路径，绘制时要避开半透明的头纱，如图 11-3 所示。

图 11-2

图 11-3

（3）选择"路径选择工具" ，将绘制的路径选取。按 Ctrl+Enter 组合键，将路径转换为选区，效果如图 11-4 所示。单击"通道"控制面板下方的"将选区存储为通道"按钮 ，将选区存储为通道，如图 11-5 所示。

图 11-4

图 11-5

（4）将"红"通道拖曳到控制面板下方的"创建新通道"按钮 □ 上，复制通道，如图 11-6 所示。选择"钢笔工具" ⌀.，在图像窗口中沿着头纱边缘绘制路径，如图 11-7 所示。按 Ctrl+Enter 组合键，将路径转换为选区，效果如图 11-8 所示。

图 11-6　　　　　　　　　图 11-7　　　　　　　　　图 11-8

（5）按 Shift+Ctrl+I 组合键，反选选区，如图 11-9 所示。将前景色设为黑色。按 Alt+Delete 组合键，用前景色填充选区。按 Ctrl+D 组合键，取消选区，效果如图 11-10 所示。

图 11-9　　　　　　　　　　　　　　图 11-10

（6）选择"图像 > 计算"命令，在弹出的对话框中进行设置，如图 11-11 所示。单击"确定"按钮，得到新的通道图像，效果如图 11-12 所示。

图 11-11　　　　　　　　　　　　　　图 11-12

（7）选择"图像 > 调整 > 色阶"命令，在弹出的对话框中进行设置，如图 11-13 所示。单击"确定"按钮，图像效果如图 11-14 所示。

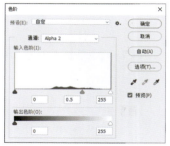

图 11-13　　　　　　　　　　　　　　图 11-14

（8）按住 Ctrl 键的同时，单击"Alpha 2"通道的缩览图，如图 11-15 所示，载入头纱选区，效果如图 11-16 所示。

图 11-15   图 11-16

（9）单击"RGB"通道，显示彩色图像。单击"图层"控制面板下方的"添加图层蒙版"按钮，添加图层蒙版，如图 11-17 所示，抠出人物图像，效果如图 11-18 所示。

图 11-17   图 11-18

（10）按 Ctrl+N 组合键，弹出"新建文档"对话框，设置"宽度"为 265 毫米，"高度"为 417 毫米，"分辨率"为 72 像素 / 英寸，"背景内容"为灰蓝色（143、153、165），单击"创建"按钮，新建一个文件，如图 11-19 所示。

（11）选择"横排文字工具" T.，在适当的位置输入需要的文字并选取文字，在属性栏中选择合适的字体并设置字体大小，将文本颜色设置为浅灰色（235、235、235），效果如图 11-20 所示。"图层"控制面板中生成新的文字图层。按 Ctrl+T 组合键，文字周围出现变换框，拖曳左侧中间的控制手柄到适当的位置，调整文字，并将文字拖曳到适当的位置，按 Enter 键确定操作，效果如图 11-21 所示。

图 11-19   图 11-20   图 11-21

（12）选择"移动工具" ⊕.，将"01"图像拖曳到新建文件的图像窗口中的适当位置并调整大小，效果如图 11-22 所示。"图层"控制面板中生成新的图层，将其重命名为"人物"，如图 11-23 所示。

图 11-22 图 11-23

（13）按 Ctrl+L 组合键，弹出"色阶"对话框，选项的设置如图 11-24 所示，单击"确定"按钮，图像效果如图 11-25 所示。

（14）按 Ctrl+O 组合键，打开云盘中的"Ch11 > 素材 > 制作婚纱摄影类公众号运营海报 > 02"文件。选择"移动工具" ⊕.，将"02"图像拖曳到新建文件的图像窗口中适当的位置，效果如图 11-26 所示。"图层"控制面板中生成新的图层，将其重命名为"文字"。婚纱摄影类公众号运营海报制作完成。

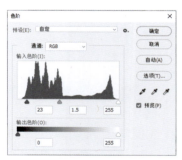

图 11-24 图 11-25 图 11-26

11.1.2 "通道"控制面板

在"通道"控制面板中可以管理所有的通道并对通道进行编辑。

选择"窗口 > 通道"命令，弹出"通道"控制面板，如图 11-27 所示。"通道"控制面板中存放了当前图像中存在的所有通道，如果选中的只是其中的一个通道，则只有这个通道处于选中状态，通道上将出现一个灰色条。如果想选中多个通道，可以按住 Shift 键，再单击其他通道。通道左侧的眼睛图标 ⊙ 用于显示或隐藏颜色通道。

图 11-27

"通道"控制面板的底部有 4 个工具按钮，如图 11-28 所示。

"将通道作为选区载入"按钮 ○：用于将通道作为选择区域调出。

"将选区存储为通道"按钮 ▣：用于将选择区域存入通道中。

"创建新通道"按钮 ▣：用于创建或复制通道。

"删除当前通道"按钮 🗑：用于删除图像中的通道。

图 11-28

11.1.3 创建新通道

单击"通道"控制面板右上方的 ☰ 图标，弹出面板菜单，选择"新建通道"命令，弹出"新建通道"

对话框，如图 11-29 所示。单击"确定"按钮，"通道"控制面板中将创建一个新通道，即"Alpha 1"，"通道"控制面板如图 11-30 所示。

图 11-29

图 11-30

名称：用于设置新通道的名称。

色彩指示：用于选择保护区域。

颜色：用于设置新通道的颜色。

不透明度：用于设置新通道的不透明度。

单击"通道"控制面板下方的"创建新通道"按钮 ▣，也可以创建一个新通道。

11.1.4 复制通道

单击"通道"控制面板右上方的 ≡ 图标，弹出面板菜单，选择"复制通道"命令，弹出"复制通道"对话框，如图 11-31 所示。

为：用于设置复制出的新通道的名称。

文档：用于设置复制通道的文件来源。

将需要复制的通道拖曳到"通道"控制面板下方的"创建新通道"按钮 ▣ 上，也可根据所选的通道复制出一个新的通道。

图 11-31

11.1.5 删除通道

选中需要删除的通道，单击"通道"控制面板右上方的 ≡ 图标，弹出面板菜单，选择"删除通道"命令，即可将通道删除。

单击"通道"控制面板下方的"删除当前通道"按钮 🗑，弹出提示对话框，如图 11-32 所示，单击"是"按钮，也可将通道删除。还可以将需要删除的通道直接拖曳到"删除当前通道"按钮 🗑 上进行删除。

图 11-32

11.1.6 专色通道

单击"通道"控制面板右上方的 ≡ 图标，弹出面板菜单，选择"新建专色通道"命令，弹出"新建专色通道"对话框，如图 11-33 所示，单击"确定"按钮即可新建一个专色通道。

打开一幅图像。单击"通道"控制面板中新建的专色通道。选择"画笔工具" ✎，在属性栏中单击"切换画笔设置面板"按钮 ☑，弹出"画笔设置"控制面板，选

图 11-33

项的设置如图 11-34 所示。在图像窗口中进行绘制，效果如图 11-35 所示，"通道"控制面板如图 11-36 所示。

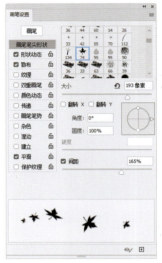

图 11-34　　　　　　　　　图 11-35　　　　　　　　　图 11-36

提示　　若前景色为黑色，则绘制时的专色是不透明的；若前景色为其他中间色，则绘制时的专色是不同透明度的颜色；若前景色为白色，则绘制时的专色是透明的。

11.1.7　课堂案例——制作活力青春公众号封面首图

【案例学习目标】学习使用"通道"控制面板制作公众号封面首图。

【案例知识要点】使用"分离通道"命令和"合并通道"命令处理图像，使用"彩色半调"命令为通道添加滤镜效果，使用"色阶"命令和"曝光度"命令调整各通道颜色，最终效果如图 11-37 所示。

【效果所在位置】Ch11/ 效果 / 制作活力青春公众号封面首图 .psd。

图 11-37

（1）按 Ctrl+O 组合键，打开云盘中的"Ch11 > 素材 > 制作活力青春公众号封面首图 > 01"文件，如图 11-38 所示。选择"窗口 > 通道"命令，弹出"通道"控制面板，如图 11-39 所示。

（2）单击"通道"控制面板右上方的 图标，在弹出的面板菜单中选择"分离通道"命令，将图像分离成"红""绿""蓝"3 个通道文件，如图 11-40 所示。选择通道文件"蓝"，如图 11-41 所示。

图 11-38

图 11-39

图 11-40

图 11-41

（3）选择"滤镜 > 像素化 > 彩色半调"命令，在弹出的对话框中进行设置，如图 11-42 所示，单击"确定"按钮，效果如图 11-43 所示。

图 11-42

图 11-43

（4）选择通道文件"绿"。按 Ctrl+L 组合键，弹出"色阶"对话框，选项的设置如图 11-44 所示，单击"确定"按钮，效果如图 11-45 所示。

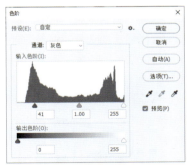
图 11-44

图 11-45

（5）选择通道文件"红"。选择"图像 > 调整 > 曝光度"命令，在弹出的对话框中进行设置，如图 11-46 所示，单击"确定"按钮，效果如图 11-47 所示。

图 11-46

图 11-47

（6）单击"通道"控制面板右上方的▤图标，在弹出的面板菜单中选择"合并通道"命令，在弹出的对话框中进行设置，如图 11-48 所示，单击"确定"按钮。弹出"合并 RGB 通道"对话框，如图 11-49 所示，单击"确定"按钮合并通道，图像效果如图 11-50 所示。

（7）将前景色设为白色。选择"横排文字工具"，在适当的位置输入需要的文字并选取文字，在属性栏中选择合适的字体并设置字体大小，效果如图 11-51 所示。"图层"控制面板中生成新的文字图层。活力青春公众号封面首图制作完成。

图 11-48

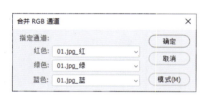

图 11-49

图 11-50

图 11-51

11.1.8　分离通道与合并通道

单击"通道"控制面板右上方的▤图标，弹出面板菜单，选择"分离通道"命令，将图像中的每个通道分离成独立的 8 bit 灰度图像。图像原始效果如图 11-52 所示，图像分离后的效果如图 11-53 所示。

图 11-52

图 11-53

单击"通道"控制面板右上方的▤图标，弹出面板菜单，选择"合并通道"命令，弹出"合并通道"对话框，选项的设置如图 11-54 所示。单击"确定"按钮，弹出"合并 RGB 通道"对话框，可以在选定的颜色模式中为每个通道指定一幅灰度图像，被指定的图像可以是同一幅图像，也可以是不同的图像，如图 11-55 所示。在合并之前，所有要合并的图像都必须处于打开状态，尺寸要一致，且为灰度图像。单击"确定"按钮，将通道合并。

图 11-54

图 11-55

11.2 通道运算

"应用图像"命令可以用于计算处理通道内的图像，使图像混合产生特殊效果。"计算"命令同样可以用于计算两个处理通道内的相应内容，但主要用于合成单个通道内的内容。

11.2.1 课堂案例——制作女性健康公众号首页次图

【案例学习目标】学习使用通道运算合成图像。

【案例知识要点】使用"应用图像"命令制作合成图像，最终效果如图 11-56 所示。

【效果所在位置】Ch11/ 效果 / 制作女性健康公众号首页次图 .psd。

微课视频　　　　　　　扩展案例

制作女性健康公　　　制作女性健康公
众号首页次图　　　众号首页次图（扩展）

图 11-56

（1）按 Ctrl+O 组合键，打开云盘中的"Ch11 > 素材 > 制作女性健康公众号首页次图 > 01、02"文件，如图 11-57 和图 11-58 所示。

图 11-57

图 11-58

（2）选择"图像 > 应用图像"命令，在弹出的对话框中进行设置，如图 11-59 所示，单击"确定"按钮。

（3）选择"图像 > 调整 > 曲线"命令，弹出"曲线"对话框，在曲线上单击添加控制点，选项的设置如图 11-60 所示，再次单击添加控制点，选项的设置如图 11-61 所示，单击"确定"按钮，效果如图 11-62 所示。女性健康公众号首页次图制作完成。

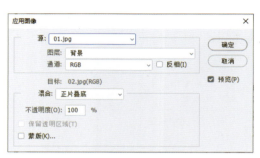

图 11-59

图 11-60

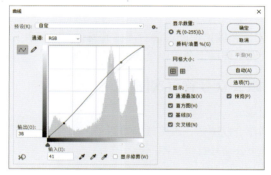

图 11-61

图 11-62

11.2.2　应用图像

选择"图像 > 应用图像"命令，弹出"应用图像"对话框，如图 11-63 所示。

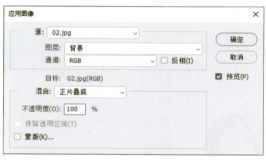

图 11-63

源：用于选择源文件。图层：用于选择源文件的图层。通道：用于选择源通道。反相：用于在处理前先反转通道中的内容。目标：显示目标文件的文件名、图层、通道及颜色模式等信息。混合：用于选择混合模式，即选择两个通道对应像素的计算方法。不透明度：用于设定图像的不透明度。蒙版：用于添加蒙版以限定选区。

提示

　　"应用图像"命令要求源文件与目标文件的尺寸必须相同，因为参与计算的两个通道内的像素是一一对应的。

打开图像素材，如图 11-64 和图 11-65 所示。选中"02"图像，选择"图像 > 应用图像"命令，弹出"应用图像"对话框，选项的设置如图 11-66 所示。单击"确定"按钮，两幅图像混合后的效果如图 11-67 所示。

图 11-64

图 11-65

图 11-66

图 11-67

在"应用图像"对话框中勾选"蒙版"复选框，显示出蒙版的相关选项，选项的设置如图 11-68 所示。单击"确定"按钮，两幅图像混合后的效果如图 11-69 所示。

图 11-68

图 11-69

11.2.3　计算

选择"图像 > 计算"命令，弹出"计算"对话框，如图 11-70 所示。

源 1：用于选择源文件 1。图层：用于选择源文件 1 中的图层。通道：用于选择源文件 1 中的通道。反相：用于反转通道中的内容。源 2：用于选择源文件 2。混合：用于选择混合模式。不透明度：用于设定不透明度。结果：用于指定处理结果的存放位置。

尽管"计算"命令与"应用图像"命令都是对两个通道的相应内容进行计算处理的命令，但是二者也有区别。用"应用图像"命令处理得到的结果可作为源文件或目标文件使用，而用"计算"命令处理得到的结果则存储为一个通道，如存储为 Alpha 通道，使其可转变为选区以供其他工具使用。

打开两幅图像。选择"图像 > 计算"命令，弹出"计算"对话框，按照图 11-71 所示进行设置，单击"确定"按钮，得到的新通道如图 11-72 所示，图像效果如图 11-73 所示。

图 11-70

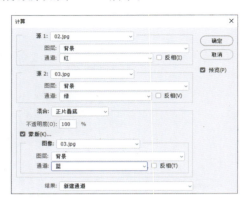

图 11-71

图 11-72

图 11-73

11.3 通道蒙版

在通道中可以快速地创建蒙版，还可以存储蒙版。

11.3.1 课堂案例——制作婚纱摄影类公众号封面首图

【案例学习目标】学习使用快速蒙版制作公众号封面首图。

【案例知识要点】使用快速蒙版和画笔工具制作图像画框，使用移动工具添加文字，最终效果如图 11-74 所示。

图 11-74

【效果所在位置】Ch11/ 效果 / 制作婚纱摄影类公众号封面首图 .psd。

（1）按 Ctrl+N 组合键，弹出"新建文档"对话框，设置"宽度"为 900 像素，"高度"为 383 像素，

"分辨率"为 72 像素/英寸，"颜色模式"为"RGB 颜色"，"背景内容"为"白色"，单击"创建"按钮，新建一个文件。

（2）按 Ctrl+O 组合键，打开云盘中的"Ch11 > 素材 > 制作婚纱摄影类公众号封面首图 > 01、02"文件。选择"移动工具" ⊕.，分别将"01"和"02"图像拖曳到新建文件的图像窗口中适当的位置，使纹理图像完全遮挡底图图像，效果如图 11-75 所示。"图层"控制面板中生成新的图层，将其重命名为"底图"和"纹理"，如图 11-76 所示。

图 11-75　　　　　　　　　　　　　　　　　　　图 11-76

（3）选中"纹理"图层。在"图层"控制面板上方将该图层的混合模式设为"正片叠底"，如图 11-77 所示，图像效果如图 11-78 所示。

图 11-77　　　　　　　　　　　　　　　　　　　图 11-78

（4）单击"图层"控制面板下方的"添加图层蒙版"按钮 ▫，为图层添加蒙版。将前景色设为黑色。选择"画笔工具" ✐.，在属性栏中单击"画笔"选项，弹出画笔选择面板，选择需要的画笔形状，将"大小"选项设为 100 像素，如图 11-79 所示。在图像窗口中拖曳鼠标擦除不需要的图像，效果如图 11-80 所示。

图 11-79　　　　　　　　　　　　　　　　　　　图 11-80

（5）新建一个图层并将其命名为"画笔"。将前景色设为白色。按 Alt+Delete 组合键，用前景色填充图层。单击工具箱下方的"以快速蒙版模式编辑"按钮 ◻，进入蒙版状态。将前景色设为黑色。选择"画笔工具" ，在属性栏中单击"画笔"选项，弹出画笔选择面板。在面板中选择"旧版画笔"选项组，选择"粗画笔"选项组，选择需要的画笔形状，将"大小"选项设为 30 像素，如图 11-81 所示。在图像窗口中拖曳鼠标绘制图像，效果如图 11-82 所示。

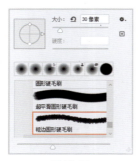

图 11-81

图 11-82

（6）单击工具箱下方的"以标准模式编辑"按钮 ，恢复到标准编辑状态，图像窗口中生成选区，如图 11-83 所示。按 Shift+Ctrl+I 组合键，反选选区。按 Delete 键，删除选区中的图像。按 Ctrl+D 组合键，取消选区，效果如图 11-84 所示。

图 11-83

图 11-84

（7）按 Ctrl+O 组合键，打开云盘中的"Ch11 > 素材 > 制作婚纱摄影类公众号封面首图 > 03"文件。选择"移动工具" ，将"03"图像拖曳到新建文件的图像窗口中的适当位置，效果如图 11-85 所示。"图层"控制面板中生成新的图层，将其重命名为"文字"。婚纱摄影类公众号封面首图制作完成。

图 11-85

11.3.2　快速蒙版的制作

打开一幅图像。选择"快速选择工具" ，在图像窗口中绘制选区，如图 11-86 所示。

单击工具箱下方的"以快速蒙版模式编辑"按钮 ，进入蒙版状态，选区暂时消失，图像中未选择的区域添加了半透明的红色蒙版，如图 11-87 所示。"通道"控制面板中将自动生成快速蒙版，如图 11-88 所示。快速蒙版图像如图 11-89 所示。

图 11-86

图 11-87

图 11-88

图 11-89

提示

系统预设蒙版颜色为半透明的红色。

选择"画笔工具" ，在属性栏中设置选项，如图 11-90 所示。将快速蒙版中需要的区域绘制为白色，图像效果如图 11-91 所示，"通道"控制面板如图 11-92 所示。

图 11-91

图 11-92

图 11-90

11.3.3 在 Alpha 通道中存储蒙版

打开一幅图像。在图像中绘制选区，如图 11-93 所示。选择"选择 > 存储选区"命令，弹出"存储选区"对话框，按照图 11-94 所示进行设置，单击"确定"按钮，建立通道蒙版"楼房"；或单击"通道"控制面板中的"将选区存储为通道"按钮 ，建立通道蒙版"楼房"，"通道"控制面板如图 11-95 所示。图像效果如图 11-96 所示，将图像保存。

图 11-93

图 11-94

图 11-95

图 11-96

再次打开图像时，选择"选择 > 载入选区"命令，弹出"载入选区"对话框，按照图 11-97 所示进行设置，单击"确定"按钮，将"楼房"通道的选区载入；或单击"通道"控制面板中的"将通道作为选区载入"按钮，将"楼房"通道作为选区载入，图像效果如图 11-98 所示。

图 11-97

图 11-98

课堂练习——制作化妆品类公众号封面次图

【练习知识要点】使用"色阶"命令和"通道"控制面板抠出人物，使用色相 / 饱和度调整图层和色阶调整图层调整图像颜色，使用移动工具添加文字，最终效果如图 11-99 所示。

【效果所在位置】Ch11/ 效果 / 制作化妆品类公众号封面次图 .psd。

图 11-99

课堂练习

制作化妆品类
公众号封面次图

课后习题——制作摄影类公众号封面首图

【习题知识要点】使用"通道"控制面板调整图像颜色，使用横排文字工具添加宣传文字，最终效果如图 11-100 所示。

【效果所在位置】Ch11/ 效果 / 制作摄影类公众号封面首图 .psd。

图 11-100

课后习题

制作摄影类
公众号封面首图

第 12 章
蒙版的使用

本章介绍

　　本章主要讲解蒙版的创建及编辑方法，以及图层蒙版、剪贴蒙版及矢量蒙版的应用技巧。通过本章的学习，学习者可以快速地掌握蒙版的使用技巧，制作出独特的图像效果。

学习目标

- 熟练掌握添加、隐藏图层蒙版的技巧。
- 了解链接图层蒙版的技巧。
- 掌握应用及删除图层蒙版的技巧。
- 掌握剪贴蒙版与矢量蒙版的使用方法。

技能目标

- 掌握"饰品类公众号封面首图"的制作方法。
- 掌握"服装类 App 主页 Banner"的制作方法。

素养目标

- 培养高效的执行力。
- 培养团队协作能力。
- 培养能够运用逻辑思维研究和分析问题的能力。

12.1 图层蒙版

使用图层蒙版可以将图层中图像的某些部分处理成透明或半透明的效果，而且可以恢复已经处理过的图像。在编辑图像时可以为某一个图层或多个图层添加蒙版，并对添加的蒙版进行编辑、隐藏、链接、删除等操作。

12.1.1 课堂案例——制作饰品类公众号封面首图

【案例学习目标】学习使用图层的混合模式和图层蒙版制作公众号封面首图。

【案例知识要点】使用图层的混合模式融合图片，使用"变换"命令、图层蒙版和画笔工具制作倒影，最终效果如图 12-1 所示。

【效果所在位置】Ch12/ 效果 / 制作饰品类公众号封面首图 .psd。

图 12-1

（1）按 Ctrl+O 组合键，打开云盘中的"Ch12 > 素材 > 制作饰品类公众号封面首图 > 01、02"文件。选择"移动工具" ⊕ ，将"02"图像拖曳到"01"图像窗口中适当的位置，效果如图 12-2 所示。"图层"控制面板中生成新的图层，将其重命名为"齿轮"。

图 12-2

（2）在"图层"控制面板上方将"齿轮"图层的混合模式设为"正片叠底"，如图 12-3 所示，图像效果如图 12-4 所示。

图 12-3

图 12-4

（3）按 Ctrl+O 组合键，打开云盘中的"Ch12 > 素材 > 制作饰品类公众号封面首图 > 03"文件。选择"移动工具" ⊕ ，将"03"图像拖曳到"01"图像窗口中适当的位置，效果如图 12-5 所示。"图层"控制面板中生成新的图层,将其重命名为"手表1"。

(4)按 Ctrl+J 组合键,复制图层,"图层"控制面板中生成新的图层"手表1 拷贝",将其拖曳到"手表1"图层的下方,如图 12-6 所示。

图 12-5   图 12-6

(5)按 Ctrl+T 组合键,图像周围出现变换框。在变换框中单击鼠标右键,在弹出的快捷菜单中选择"垂直翻转"命令,垂直翻转图像,并将翻转后的图像拖曳到适当的位置,按 Enter 键确定操作,效果如图 12-7 所示。单击"图层"控制面板下方的"添加图层蒙版"按钮 ▢ ,为图层添加蒙版,如图 12-8 所示。

图 12-7   图 12-8

(6)按 D 键,恢复默认的前景色和背景色。选择"渐变工具" ▣ ,单击属性栏中的"点按可编辑渐变"按钮 ▬▬▬ ,弹出"渐变编辑器"对话框。选择"基础"预设中的"前景色到背景色渐变",如图 12-9 所示,单击"确定"按钮。在图像下方从下向上拖曳鼠标添加渐变色,效果如图 12-10 所示。

图 12-9   图 12-10

(7)按 Ctrl+O 组合键,打开云盘中的"Ch12 > 素材 > 制作饰品类公众号封面首图 > 04"文件。选择"移动工具" ⊹ ,将"04"图像拖曳到"01"图像窗口中适当的位置,效果如图 12-11 所示。"图层"控制面板中生成新的图层，将其重命名为"手表 2"。

（8）按 Ctrl+J 组合键，复制图层，"图层"控制面板中生成新的图层"手表 2 拷贝"，将其拖曳到"手表 2"图层的下方。用相同的方法制作手表倒影效果，效果如图 12-12 所示。

图 12-11   图 12-12

（9）按 Ctrl+O 组合键，打开云盘中的"Ch12 > 素材 > 制作饰品类公众号封面首图 > 05"文件。选择"移动工具" ，将"05"图像拖曳到"01"图像窗口中适当的位置，效果如图 12-13 所示。"图层"控制面板中生成新的图层，将其重命名为"文字"。饰品类公众号封面首图制作完成。

图 12-13

12.1.2　添加图层蒙版

单击"图层"控制面板下方的"添加图层蒙版"按钮 ，可以创建图层蒙版，如图 12-14 所示。按住 Alt 键的同时，单击"图层"控制面板下方的"添加图层蒙版"按钮 ，可以创建一个遮盖全部图层的蒙版，如图 12-15 所示。

图 12-14   图 12-15

12.1.3　隐藏图层蒙版

按住 Alt 键的同时，单击图层蒙版缩览图，图像窗口中的图像将被隐藏，只显示图层蒙版缩览图中的效果，如图 12-16 所示，"图层"控制面板如图 12-17 所示。按住 Alt 键的同时，再次单击图层蒙版缩览图，将恢复图像窗口中的图像效果。按住 Alt+Shift 组合键的同时，单击图层蒙版缩览图，将同时显示图像和图层蒙版的内容。

图 12-16

图 12-17

选择"图层 > 图层蒙版 > 显示全部"命令，可以显示全部图像。选择"图层 > 图层蒙版 > 隐藏全部"命令，可以隐藏全部图像。

12.1.4　图层蒙版的链接

在"图层"控制面板中，图层缩览图与图层蒙版缩览图之间存在链接图标 ⅼ，此时图像与蒙版关联，移动图像时蒙版会同步移动。单击链接图标 ⅼ，此图标将隐藏，此时可以分别对图像与蒙版进行操作。

12.1.5　应用及删除图层蒙版

在"通道"控制面板中，双击蒙版通道，弹出"图层蒙版显示选项"对话框，如图 12-18 所示，在其中可以对图层蒙版的颜色和不透明度进行设置。

图 12-18

选择"图层 > 图层蒙版 > 停用"命令，或按住 Shift 键的同时，单击"图层"控制面板中的图层蒙版缩览图，停用图层蒙版，如图 12-19 所示，图像将全部显示，如图 12-20 所示。按住 Shift 键的同时，再次单击图层蒙版缩览图，将恢复图层蒙版，效果如图 12-21 所示。

图 12-19

图 12-20

图 12-21

选择"图层 > 图层蒙版 > 删除"命令，或在图层蒙版缩览图上单击鼠标右键，在弹出的快捷菜单中选择"删除图层蒙版"命令，可以将图层蒙版删除。

12.2　剪贴蒙版与矢量蒙版

剪贴蒙版和矢量蒙版用于以遮盖的方式使图像产生特殊的效果。

12.2.1　课堂案例——制作服装类 App 主页 Banner

【案例学习目标】学习使用图层蒙版和剪贴蒙版制作服装类 App 主页 Banner。

【案例知识要点】使用图层蒙版和剪贴蒙版制作产品照片，使用移动工具添加宣传文字，最终效果如图 12-22 所示。

图 12-22

【效果所在位置】Ch12/ 效果 / 制作服装类 App 主页 Banner.psd。

（1）按 Ctrl+N 组合键，弹出"新建文档"对话框，设置"宽度"为 750 像素，"高度"为 200 像素，"分辨率"为 72 像素 / 英寸，"颜色模式"为"RGB 颜色"，"背景内容"为灰色（224、223、221），单击"创建"按钮，新建一个文件。

（2）按 Ctrl+O 组合键，打开云盘中的"Ch12 > 素材 > 制作服装类 App 主页 Banner > 01"文件。选择"移动工具" ，将"01"图像拖曳到新建文件的图像窗口中的适当位置，效果如图 12-23 所示。"图层"控制面板中生成新的图层，将其重命名为"人物"。

图 12-23

（3）单击"图层"控制面板下方的"添加图层蒙版"按钮 ，为图层添加蒙版。将前景色设为黑色。选择"画笔工具" ，在属性栏中单击"画笔"选项，弹出画笔选择面板，选择需要的画笔形状，将"大小"选项设为 100 像素，如图 12-24 所示。在图像窗口中拖曳鼠标擦除不需要的图像，效果如图 12-25 所示。

图 12-24

图 12-25

（4）选择"椭圆工具" ，将属性栏中的"选择工具模式"选项设为"形状"，"填充"颜色设为白色，"描边"颜色设为无。按住 Shift 键的同时，在图像窗口中适当的位置绘制圆形，如图 12-26 所示。"图层"控制面板中生成新的形状图层"椭圆 1"。

图 12-26

（5）选择"文件 > 置入嵌入对象"命令，弹出"置入嵌入的对象"对话框。选择云盘中的"Ch12 > 素材 > 制作服装类 App 主页 Banner > 02"文件，单击"置入"按钮，将"02"图像置入图像窗口中。将"02"图像拖曳到适当的位置并调整大小，按 Enter 键确定操作，在"图层"控制面板中生成新的图层，将其重命名为"图 1"。按 Alt+Ctrl+G 组合键，为图层创建剪贴蒙版，效果如图 12-27 所示。

（6）按住 Shift 键的同时，单击"椭圆 1"图层，将需要的图层同时选取。按 Ctrl+G 组合键，群组图层并将生成的图层组重命名为"模特 1"，如图 12-28 所示。

图 12-27

图 12-28

（7）用步骤（4）～（6）所述方法分别制作"模特 2"和"模特 3"图层组，图像效果如图 12-29 所示，"图层"控制面板如图 12-30 所示。

图 12-29

图 12-30

（8）按 Ctrl+O 组合键，打开云盘中的"Ch12 > 素材 > 制作服装类 App 主页 Banner > 05"文件。选择"移动工具" ，将"05"图像拖曳到新建文件的图像窗口中的适当位置，效果如图 12-31 所示。"图层"控制面板中生成新的图层，将其重命名为"文字"。服装类 App 主页 Banner 制作完成。

图 12-31

12.2.2　剪贴蒙版

打开一幅图像，如图 12-32 所示，"图层"控制面板如图 12-33 所示。按住 Alt 键的同时，将鼠标指针放置到"图片"图层和"矩形"图层的中间位置，鼠标指针变为 图标，如图 12-34 所示。

图 12-32　　　　　　　　　　　　图 12-33　　　　　　　　　　　　图 12-34

　　单击即可创建剪贴蒙版，如图 12-35 所示，图像效果如图 12-36 所示。选择"移动工具" ⊕.，移动图像，效果如图 12-37 所示。

图 12-35　　　　　　　　　　　图 12-36　　　　　　　　　　　　图 12-37

　　选中剪贴蒙版组中上方的图层，选择"图层 > 释放剪贴蒙版"命令，或按 Alt+Ctrl+G 组合键，即可删除剪贴蒙版。

12.2.3　矢量蒙版

　　打开一幅图像，如图 12-38 所示，"路径"控制面板如图 12-39 所示。

图 12-38　　　　　　　　　　　　　　　　　　　　图 12-39

　　选择"图层 > 矢量蒙版 > 当前路径"命令，为图像添加矢量蒙版，如图 12-40 所示，图像效果如图 12-41 所示。可使用"直接选择工具" ▷.修改路径的形状，从而修改蒙版的遮罩区域，如图 12-42 所示。

图 12-40　　　　　　　　　　　图 12-41　　　　　　　　　　　　图 12-42

课堂练习——制作化妆品网站详情页主图

【练习知识要点】使用图层蒙版、画笔工具和图层混合模式融合背景，使用照片滤镜调整图层调整背景颜色，使用图层样式为化妆品添加外发光效果，使用图层蒙版和渐变工具制作化妆品投影，使用移动工具添加相关信息，最终效果如图 12-43 所示。

图 12-43

课堂练习

制作化妆品网站
详情页主图

【效果所在位置】Ch12/ 效果 / 制作化妆品网站详情页主图 .psd。

课后习题——制作豆浆机广告

【习题知识要点】使用"纹理化"命令和图层混合模式制作背景效果，使用加深工具和减淡工具调整豆浆机的高光部分和阴影部分，使用横排文字工具和"自由变换"命令制作文字内容，最终效果如图 12-44 所示。

【效果所在位置】Ch12/ 效果 / 制作豆浆机广告 .psd。

图 12-44

课后习题

制作豆浆机
广告

13

第 13 章
滤镜效果

本章介绍

　　本章主要介绍 Photoshop 强大的滤镜功能，内容包括各滤镜的特点及滤镜的使用技巧等。通过本章的学习，学习者能够快速地掌握滤镜的知识要点，应用丰富的滤镜制作出多变的图像效果。

学习目标

- 了解滤镜菜单。
- 掌握滤镜的使用技巧。

技能目标

- 掌握"汽车销售类公众号封面首图"的制作方法。
- 掌握"淡彩钢笔画"的制作方法。
- 掌握"文化传媒类公众号封面首图"的制作方法。

素养目标

- 培养对信息加工处理，并合理使用的能力。
- 培养能够有效解决问题的科学思维能力。
- 培养能够履行职责，为团队服务的责任意识。

13.1 滤镜菜单及应用

Photoshop 的滤镜菜单提供了多种滤镜，使用这些滤镜可以制作出奇妙的图像效果。"滤镜"菜单如图 13-1 所示。

Photoshop 的滤镜菜单分为 4 部分，各部分之间以横线划分。

第 1 部分为最近一次使用的滤镜，若最近没有使用滤镜，则此命令为灰色，不可选择。使用任意一种滤镜后，当需要重复使用这种滤镜时，只需要选择这个命令或按 Alt+Ctrl+F 组合键即可。

第 2 部分为转换为智能滤镜命令，智能滤镜可随时进行修改操作。

第 3 部分为 6 种 Photoshop 滤镜，每一种滤镜的功能都十分强大。

第 4 部分为 11 个 Photoshop 滤镜组，每个滤镜组中都包含多种滤镜。

图 13-1

13.1.1 课堂案例——制作汽车销售类公众号封面首图

【案例学习目标】学习使用滤镜库制作公众号封面首图。

【案例知识要点】使用滤镜库中的海报边缘滤镜和纹理化滤镜制作特效，使用移动工具添加宣传文字，最终效果如图 13-2 所示。

图 13-2

微课视频

制作汽车销售类
公众号封面首图

扩展案例

制作夏至节气
宣传海报

【效果所在位置】Ch13/ 效果 / 制作汽车销售类公众号封面首图 .psd。

（1）按 Ctrl + N 组合键，弹出"新建文档"对话框，设置"宽度"为 1 175 像素，"高度"为 500 像素，"分辨率"为 72 像素 / 英寸，"颜色模式"为"RGB 颜色"，"背景内容"为"白色"，单击"创建"按钮，新建一个文件。

（2）按 Ctrl+O 快捷键，打开云盘中的"Ch13 > 素材 > 制作汽车销售类公众号封面首图 > 01"文件。选择"移动工具" ，将"01"图像拖曳到新建文件的图像窗口中适当的位置并调整大小，效果如图 13-3 所示。"图层"控制面板中生成新的图层，将其重命名为"图片"。

图 13-3

（3）选择"滤镜 > 滤镜库"命令，在弹出的对话框中选择"艺术效果 > 海报边缘"滤镜，选项的设置如图 13-4 所示。单击对话框右下方的"新建效果图层"按钮⊞，生成新的效果图层，如图 13-5 所示。

图 13-4

图 13-5

（4）在对话框中选择"纹理 > 纹理化"滤镜，切换到相应的对话框，选项的设置如图 13-6 所示，单击"确定"按钮，图像效果如图 13-7 所示。

图 13-6

图 13-7

（5）按 Ctrl+O 快捷键，打开云盘中的"Ch13 > 素材 > 制作汽车销售类公众号封面首图 > 02"文件，如图 13-8 所示。选择"移动工具"🔾，将"02"图像拖曳到新建文件的图像窗口中适当的位置，效果如图 13-9 所示。"图层"控制面板中生成新的图层，将其重命名为"文字"。汽车销售类公众号封面首图制作完成。

图 13-8

图 13-9

13.1.2　滤镜库的功能

Photoshop 的滤镜库将常用滤镜组组合在一起，以折叠菜单的方式展示，并为每一个滤镜提供了直观的效果预览，使用起来十分方便。

打开一幅图像。选择"滤镜 > 滤镜库"命令，弹出"滤镜库"对话框，在该对话框中，左侧为滤镜效果预览框，显示应用滤镜后的效果；中部为滤镜列表，每个滤镜组都包含相应风格的滤镜，单击需要的滤镜组，可以浏览该滤镜组中的滤镜和相应的滤镜效果；右侧为滤镜参数设置栏，可设置所用滤镜的各个参数，如图 13-10 所示。

图 13-10

1. 风格化滤镜组

风格化滤镜组只包含一个照亮边缘滤镜，如图 13-11 所示。使用此滤镜可以搜索图像中主要颜色的变化区域并强化其过渡像素，产生轮廓发光的效果。图像应用滤镜前后的效果如图 13-12 和图 13-13 所示。

图 13-11

图 13-12

图 13-13

2. 画笔描边滤镜组

画笔描边滤镜组包含 8 个滤镜，如图 13-14 所示。此滤镜组对 CMYK 颜色模式和 Lab 颜色模式的图像都不起作用。图像应用不同滤镜后的效果如图 13-15 所示。

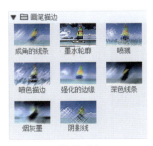

图 13-14

图 13-15

3. 扭曲滤镜组

扭曲滤镜组包含 3 个滤镜，如图 13-16 所示，这些滤镜用于生成扭曲图像的变形效果。图像应用不同滤镜后的效果如图 13-17 所示。

图 13-16

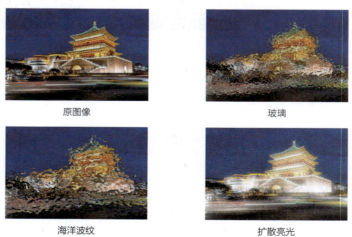

图 13-17

4. 素描滤镜组

素描滤镜组包含 14 个滤镜，如图 13-18 所示。此滤镜组只对 RGB 颜色模式和灰度模式的图像起作用，可以制作出多种绘画效果。图像应用不同滤镜后的效果如图 13-19 所示。

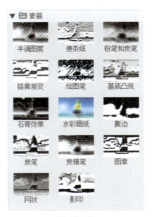

图 13-18

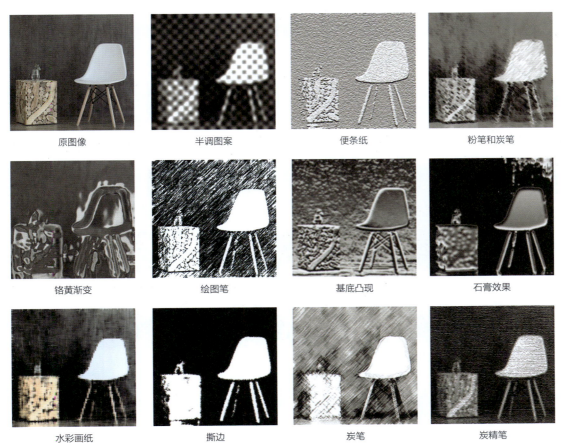

图 13-19

| 图章 | 网状 | 影印 |

图 13-19（续）

5. 纹理滤镜组

纹理滤镜组包含 6 个滤镜，如图 13-20 所示，这些滤镜用于使图像中各颜色之间产生过渡变形的效果。图像应用不同滤镜后的效果如图 13-21 所示。

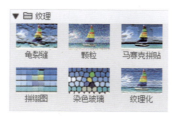

图 13-20

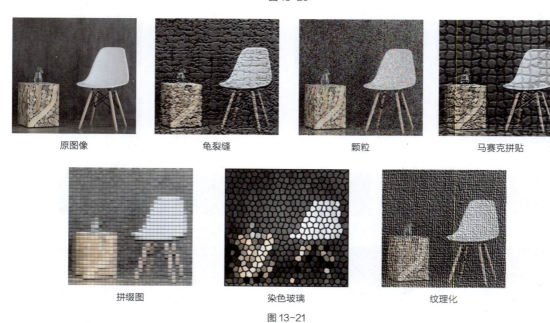

图 13-21

6. 艺术效果滤镜组

艺术效果滤镜组包含 15 个滤镜，如图 13-22 所示。此滤镜组只对 RGB 颜色模式和多通道颜色模式的图像起作用。图像应用不同滤镜后的效果如图 13-23 所示。

图 13-22

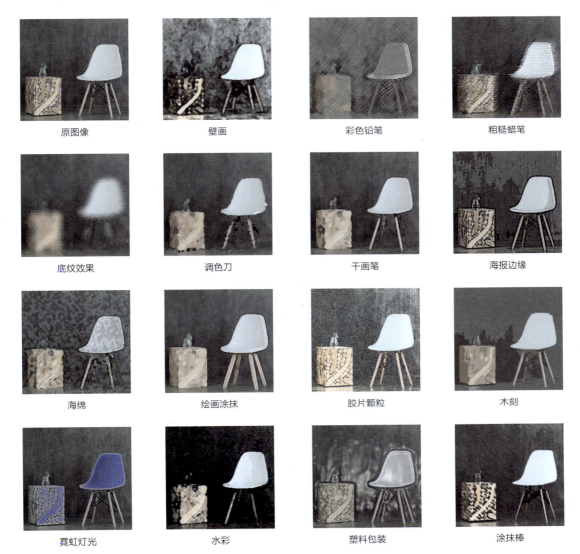

原图像	壁画	彩色铅笔	粗糙蜡笔
底纹效果	调色刀	干画笔	海报边缘
海绵	绘画涂抹	胶片颗粒	木刻
霓虹灯光	水彩	塑料包装	涂抹棒

图 13-23

7. 滤镜叠加

在"滤镜库"对话框中可以创建多个效果图层，可以为每个图层应用不同的滤镜，从而使图像产生多个滤镜叠加后的效果。

为图像添加"强化的边缘"滤镜，如图 13-24 所示。单击"新建效果图层"按钮，生成新的效果图层，如图 13-25 所示。为图像添加"海报边缘"滤镜，叠加后的效果如图 13-26 所示。

图 13-24

图 13-25

图 13-26

13.1.3　自适应广角滤镜

自适应广角滤镜可用于对具有广角、超广角及鱼眼效果的图像进行校正。

打开一幅图像，如图 13-27 所示。选择"滤镜 > 自适应广角"命令，弹出对话框，如图 13-28 所示。

在对话框左侧图像上需要调整的位置拖曳出一条直线段，如图 13-29 所示。再将左侧第 2 个控制点拖曳到适当的位置，旋转绘制的直线段，如图 13-30 所示。单击"确定"按钮，图像调整后的效果如图 13-31 所示。用相同的方法调整图像上方，效果如图 13-32 所示。

图 13-27

图 13-28

图 13-29

图 13-30

图 13-31

图 13-32

13.1.4　Camera Raw 滤镜

Camera Raw 滤镜用于调整图像的颜色（包括白平衡、色温和色调等）、对图像进行锐化处理、减少图像杂色、纠正镜头问题及重新修饰图像。

打开一幅图像。选择"滤镜 > Camera Raw 滤镜"命令，弹出如图 13-33 所示的对话框。

"基本"区域的设置如图 13-34 所示，单击"确定"按钮，效果如图 13-35 所示。

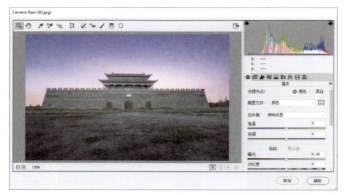

图 13-33

图 13-34

图 13-35

13.1.5 镜头校正滤镜

镜头校正滤镜用于修复常见的因镜头产生的瑕疵，如桶形失真、枕形失真、晕影和色差等，也可以用于旋转图像，或修复照相机在垂直或水平方向上倾斜而导致的图像透视、错视。

打开一幅图像，如图 13-36 所示。选择"滤镜 > 镜头校正"命令，弹出如图 13-37 所示的对话框。

图 13-36

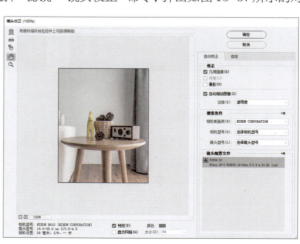

图 13-37

单击"自定"选项卡，选项的设置如图 13-38 所示，单击"确定"按钮，效果如图 13-39 所示。

图 13-38   图 13-39

13.1.6 液化滤镜

液化滤镜用于制作各种类似液化的图像变形效果。

打开一幅图像。选择"滤镜 > 液化"命令，或按 Shift+Ctrl+X 组合键，弹出"液化"对话框，如图 13-40 所示。

图 13-40

左侧的工具由上到下分别为"向前变形工具" 、"重建工具" 、"平滑工具" 、"顺时针旋转扭曲工具" 、"褶皱工具" 、"膨胀工具" 、"左推工具" 、"冻结蒙版工具" 、"解冻蒙版工具" 、"脸部工具" 、"抓手工具" 和"缩放工具" 。

"画笔工具选项"组："大小"选项用于设定所选工具的笔触大小；"密度"选项用于设定画笔的密度；"压力"选项用于设定画笔的压力，压力越小，变形的过程越慢；"速率"选项用于设定画笔的绘制速度；"光笔压力"复选框用于设定压感笔的压力；"固定边缘"复选框用于选中可锁定的图像边缘。

"人脸识别液化"组："眼睛"选项组用于设定眼睛的大小、高度、宽度、斜度和距离，"鼻子"

选项组用于设定鼻子的高度和宽度，"嘴唇"选项组用于设定微笑、上嘴唇、下嘴唇、嘴唇的宽度和高度，"脸部形状"选项组用于设定前额、下巴、下颌和脸部宽度。

"载入网格选项"组：用于载入、使用和存储网格。

"蒙版选项"组：用于选择通道蒙版的形式。选择"无"，可以不制作蒙版；选择"全部蒙住"，可以为全部的区域制作蒙版；选择"全部反相"，可以解冻蒙版区域并冻结剩余的区域。

"视图选项"组：勾选"显示参考线"复选框，可以显示参考线；勾选"显示面部叠加"复选框，可以显示面部的叠加部分；勾选"显示图像"复选框，可以显示图像；勾选"显示网格"复选框，可以显示网格，"网格大小"选项用于设置网格的大小，"网格颜色"选项用于设置网格的颜色；勾选"显示蒙版"复选框，可以显示蒙版，"蒙版颜色"选项用于设置蒙版的颜色；勾选"显示背景"复选框，在"使用"下拉列表中可以选择图层，在"模式"下拉列表中可以选择不同的模式，"不透明度"选项用于设置不透明度。

"画笔重建选项"组："重建"按钮用于对变形的图像进行重置，"恢复全部"按钮用于将图像恢复到打开时的状态。

在对话框中对图像进行变形操作，如图 13-41 所示。单击"确定"按钮，完成图像的液化变形，效果如图 13-42 所示。

图 13-41

图 13-42

13.1.7　课堂案例——制作淡彩钢笔画

【案例学习目标】学习使用滤镜库中的照亮边缘滤镜和中间值滤镜制作需要的效果。

【案例知识要点】使用"反相"命令、照亮边缘滤镜、图层混合模式和中间值滤镜制作淡彩钢笔画，最终效果如图 13-43 所示。

图 13-43

微课视频　　　　扩展案例

制作淡彩钢笔画　　制作淡彩钢笔画
（扩展）

【效果所在位置】Ch13/ 效果 / 制作淡彩钢笔画 .psd。

（1）按 Ctrl + O 组合键，打开云盘中的"Ch13 > 素材 > 制作淡彩钢笔画 > 01"文件，如图 13-44 所示。将"背景"图层拖曳到"图层"控制面板下方的"创建新图层"按钮 回 上进行复制，生成新的图层"背景 拷贝"。选择"滤镜 > 杂色 > 中间值"命令，在弹出的对话框中进行设置，如图 13-45 所示，单击"确定"按钮。

图 13-44   图 13-45

（2）将"背景"图层拖曳到"图层"控制面板下方的"创建新图层"按钮 回 上进行复制，生成新的图层"背景 拷贝 2"。将"背景 拷贝 2"图层拖曳到"背景 拷贝"图层的上方，如图 13-46 所示。

（3）选择"滤镜 > 滤镜库"命令，在弹出的对话框中选择"风格化 > 照亮边缘"滤镜，选项的设置如图 13-47 所示，单击"确定"按钮，效果如图 13-48 所示。按 Ctrl+I 组合键，对图像进行反相操作，如图 13-49 所示。

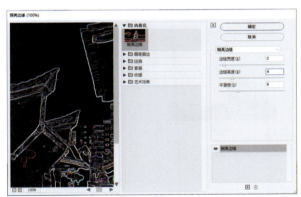

图 13-46   图 13-47

图 13-48   图 13-49

（4）在"图层"控制面板上方，将"背景拷贝 2"图层的混合模式设置为"叠加"，"不透明度"选项设置为 70%，如图 13-50 所示。按 Enter 键确认操作，效果如图 13-51 所示。淡彩钢笔画效果制作完成。

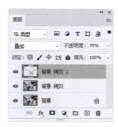

图 13-50

图 13-51

13.1.8　消失点滤镜

消失点滤镜用于制作建筑物或任何矩形对象的透视效果。

打开一幅图像，绘制选区，如图 13-52 所示。按 Ctrl + C 组合键，复制选区中的图像。按 Ctrl+D 组合键，取消选区。选择"滤镜 > 消失点"命令，弹出对话框，在对话框的左侧选择"创建平面工具"，在图像窗口中单击定义 4 个点，如图 13-53 所示，各点之间会自动连接为透视平面，如图 13-54 所示。

图 13-52

图 13-53

图 13-54

按 Ctrl + V 组合键，将刚才复制的图像粘贴到对话框中，如图 13-55 所示。将粘贴的图像拖曳到透视平面中，如图 13-56 所示。按住 Alt 键的同时，向上拖曳建筑物进行复制，如图 13-57 所示。用相同的方法再复制两次建筑物，如图 13-58 所示。单击"确定"按钮，建筑物的透视变形效果如图 13-59 所示。

图 13-55

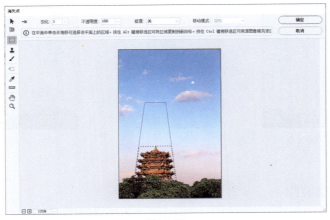

图 13-56

图 13-57

图 13-58

图 13-59

在"消失点"对话框中，透视平面显示为蓝色时为有效的平面；透视平面显示为红色时为无效的平面，无法计算平面的长宽比，也无法拉出垂直平面；透视平面显示为黄色时为无效的平面，无法解析平面的所有消失点，如图 13-60 所示。

蓝色透视平面

红色透视平面

黄色透视平面

图 13-60

13.1.9　3D 滤镜组

3D 滤镜组用于生成效果更好的凹凸图和法线图。3D 滤镜组中的滤镜如图 13-61 所示。图像应用不同滤镜后的效果如图 13-62 所示。

图 13-61

原图像

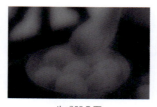

生成凹凸图

生成法线图

图 13-62

13.1.10　风格化滤镜组

风格化滤镜组用于制作印象派和其他画派作品的效果，这些效果是完全模拟真实艺术手法进行创作的。风格化滤镜组中的滤镜如图 13-63 所示。图像应用不同的滤镜后的效果如图 13-64 所示。

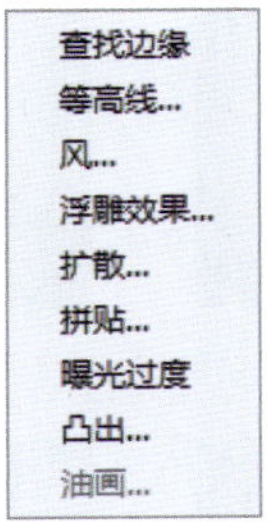

查找边缘
等高线...
风...
浮雕效果...
扩散...
拼贴...
曝光过度
凸出...
油画...

图 13-63

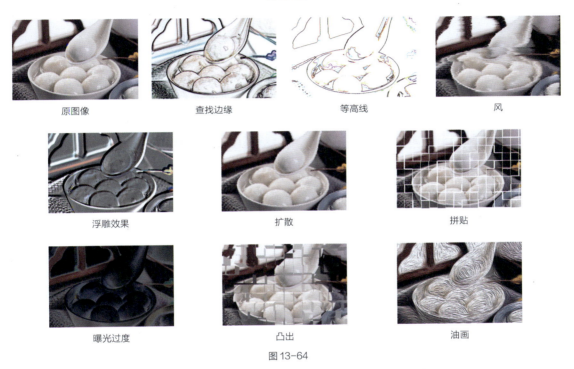

原图像   查找边缘   等高线   风

浮雕效果   扩散   拼贴

曝光过度   凸出   油画

图 13-64

13.1.11 模糊滤镜组

模糊滤镜组用于使图像中过于清晰或对比度强烈的区域产生模糊效果，也用于制作柔和阴影。模糊滤镜组中的滤镜如图 13-65 所示。图像应用不同滤镜后的效果如图 13-66 所示。

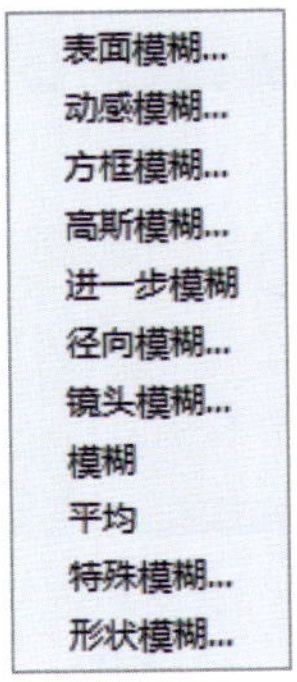

表面模糊...
动感模糊...
方框模糊...
高斯模糊...
进一步模糊
径向模糊...
镜头模糊...
模糊
平均
特殊模糊...
形状模糊...

图 13-65

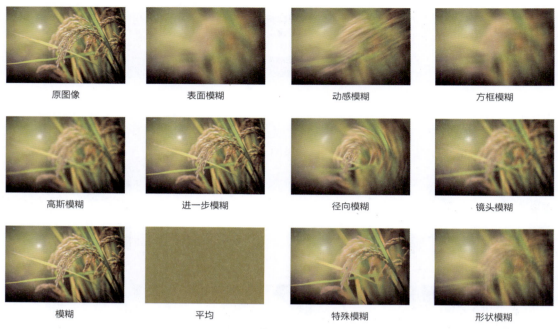

图 13-66

13.1.12 模糊画廊滤镜组

模糊画廊滤镜组使用图钉或路径来控制图像，制作模糊效果。模糊画廊滤镜组中的滤镜如图 13-67 所示。图像应用不同滤镜后的效果如图 13-68 所示。

场景模糊...
光圈模糊...
移轴模糊...
路径模糊...
旋转模糊...

图 13-67

图 13-68

13.1.13　扭曲滤镜组

扭曲滤镜组用于生成一组从波纹到扭曲图像的变形效果。扭曲滤镜组中的滤镜如图 13-69 所示。图像应用不同滤镜后的效果如图 13-70 所示。

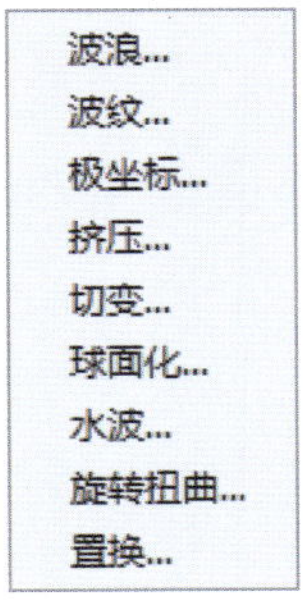

波浪...
波纹...
极坐标...
挤压...
切变...
球面化...
水波...
旋转扭曲...
置换...

图 13-69

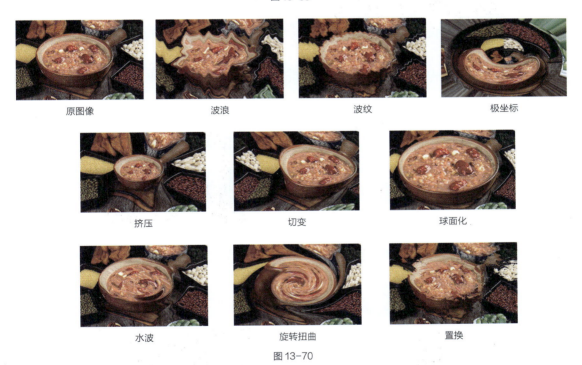

原图像　　　　波浪　　　　波纹　　　　极坐标

挤压　　　　切变　　　　球面化

水波　　　　旋转扭曲　　　　置换

图 13-70

13.1.14　课堂案例——制作文化传媒类公众号封面首图

【案例学习目标】学习使用像素化滤镜和渲染滤镜制作公众号封面首图。

【案例知识要点】使用彩色半调滤镜制作网点图像，使用高斯模糊滤镜和图层混合模式调整图像效果，使用镜头光晕滤镜添加光晕，最终效果如图 13-71 所示。

【效果所在位置】Ch13/ 效果 / 制作文化传媒类公众号封面首图 .psd。

（1）按 Ctrl + O 组合键，打开云盘中的"Ch13 > 素材 > 制作文化传媒类公众号封面首图 > 01"文件，如图 13-72 所示。按 Ctrl+J 组合键，复制图层，"图层"控制面板如图 13-73 所示。

图 13-71

微课视频

扩展案例

制作文化传媒类
公众号封面首图

制作每日早餐
公众号封面首图

图 13-72

图 13-73

（2）选择"滤镜 > 像素化 > 彩色半调"命令，在弹出的对话框中进行设置，如图 13-74 所示，单击"确定"按钮，效果如图 13-75 所示。

图 13-74

图 13-75

（3）选择"滤镜 > 模糊 > 高斯模糊"命令，在弹出的对话框中进行设置，如图 13-76 所示，单击"确定"按钮，效果如图 13-77 所示。

图 13-76

图 13-77

（4）在"图层"控制面板上方将"图层 1"的混合模式设为"正片叠底"，如图 13-78 所示，图像效果如图 13-79 所示。

（5）选择"背景"图层。按 Ctrl+J 组合键，复制"背景"图层，将新生成的图层拖曳到"图层 1"的上方，如图 13-80 所示。

图 13-78　　　　　　　　图 13-79　　　　　　　　图 13-80

（6）按 D 键，恢复默认前景色和背景色。选择"滤镜 > 滤镜库"命令，在弹出的对话框中进行设置，如图 13-81 所示，单击"确定"按钮，效果如图 13-82 所示。

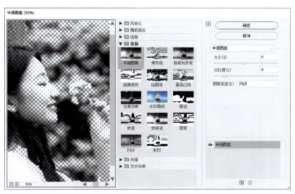  

图 13-81　　　　　　　　　　　　　　　图 13-82

（7）选择"滤镜 > 渲染 > 镜头光晕"命令，在弹出的对话框中进行设置，如图 13-83 所示，单击"确定"按钮，效果如图 13-84 所示。

图 13-83　　　　　　　　　　　　图 13-84

（8）在"图层"控制面板上方将"背景 拷贝"图层的混合模式设为"强光"，如图 13-85 所示，图像效果如图 13-86 所示。

（9）选择"背景"图层。按 Ctrl+J 组合键，复制"背景"图层，生成新的图层"背景 拷贝2"。按住 Shift 键的同时，选择"背景 拷贝"图层和"背景 拷贝 2"图层及它们之间的所有图层。按 Ctrl+E 组合键，合并选择的图层并将合并得到的重命名为"效果"，如图 13-87 所示。

图 13-85

图 13-86

（10）按 Ctrl + N 组合键，弹出"新建文档"对话框，设置"宽度"为 1 175 像素，"高度"为 500 像素，"分辨率"为 72 像素 / 英寸，"颜色模式"为"RGB 颜色"，"背景内容"为"白色"，单击"创建"按钮，新建一个文件。选择"01"图像窗口中的"效果"图层。选择"移动工具" 图标，将图像拖曳到新建的图像窗口中适当的位置，效果如图 13-88 所示。"图层"控制面板中生成新的图层，如图 13-89 所示。

图 13-87

图 13-88

（11）按 Ctrl+O 组合键，打开云盘中的"Ch13 > 素材 > 制作文化传媒类公众号封面首图 > 02"文件。选择"移动工具" 图标，将"02"图像拖曳到新建文件的图像窗口中适当的位置，效果如图 13-90 所示。"图层"控制面板中生成新的图层，将其重命名为"文字"。文化传媒类公众号封面首图制作完成。

图 13-89

图 13-90

13.1.15　锐化滤镜组

锐化滤镜组通过增强图像的对比度来使图像更加清晰，增强所处理图像的轮廓。此组滤镜可减轻图像修改后产生的模糊效果。锐化滤镜组中的滤镜如图 13-91 所示。图像应用不同滤镜后的效果如图 13-92 所示。

图 13-91

原图像

USM 锐化

防抖

进一步锐化

锐化

锐化边缘

智能锐化

图 13-92

13.1.16　视频滤镜组

视频滤镜组用于将以隔行扫描方式提取的图像转换为视频设备可接收的图像，以解决图像交换时产生的系统差异。视频滤镜组中的滤镜如图 13-93 所示。图像应用不同滤镜后的效果如图 13-94 所示。

NTSC 颜色
逐行…

图 13-93

原图像

NTSC 颜色

逐行

图 13-94

13.1.17　像素化滤镜组

像素化滤镜组用于将图像分块或将图像平面化。像素化滤镜组中的滤镜如图 13-95 所示。图像应用不同滤镜后的效果如图 13-96 所示。

彩块化
彩色半调…
点状化…
晶格化…
马赛克…
碎片
铜版雕刻…

图 13-95

原图像

彩块化

彩色半调

点状化

晶格化

马赛克

碎片

铜板雕刻

图 13-96

13.1.18　渲染滤镜组

渲染滤镜组用于在图像中产生不同的照明、光源和夜景效果。渲染滤镜组中的滤镜如图 13-97 所示。图像应用不同滤镜后的效果如图 13-98 所示。

图 13-97

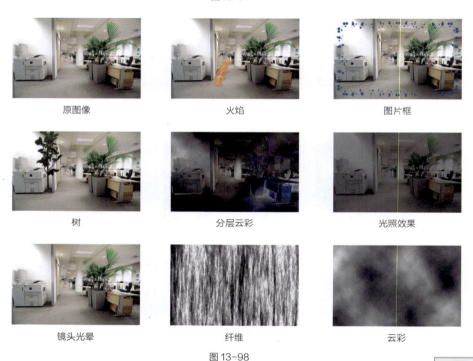

图 13-98

13.1.19　杂色滤镜组

杂色滤镜组用于在图像中添加或去除杂色、斑点、蒙尘或划痕等。杂色滤镜组中的滤镜如图 13-99 所示。图像应用不同滤镜后的效果如图 13-100 所示。

图 13-99

原图像

减少杂色

蒙尘与划痕

图 13-100

去斑

添加杂色

中间值

图 13-100（续）

13.1.20　其他滤镜组

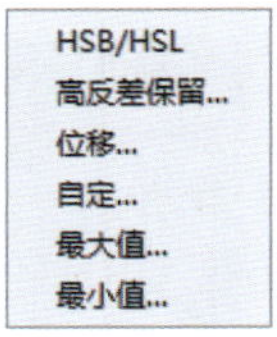

其他滤镜组用于创建特殊效果的滤镜。其他滤镜组中的滤镜如图 13-101 所示。图像应用不同滤镜后的效果如图 13-102 所示。

图 13-101

原图像

HSB/HSL

高反差保留

位移

自定

最大值

最小值

图 13-102

13.2　滤镜的使用技巧

重复使用滤镜、对图像局部使用滤镜、对通道使用滤镜、转换为智能滤镜或对滤镜效果进行调整可以使图像产生更加丰富、生动的变化。

13.2.1　重复使用滤镜

如果在使用一次滤镜后，图像效果不理想，可以按 Ctrl+F 组合键，重复使用滤镜。多次重复使用滤镜的不同效果如图 13-103 所示。

原图像

使用一次滤镜效果

使用多次滤镜效果

图 13-103

13.2.2　对图像局部使用滤镜

对图像局部使用滤镜是常用的处理图像的方法。打开一幅图像在图像上绘制选区，如图 13-104 所示，对选区中的图像使用查找边缘滤镜，效果如图 13-105 所示。如果对选区先进行羽化再使用滤镜，就可以得到与原图融为一体的效果。在"羽化选区"对话框中设置羽化半径，如图 13-106 所示，单击"确定"按钮，再使用滤镜，效果如图 13-107 所示。

图 13-104

图 13-105

图 13-106

图 13-107

13.2.3　对通道使用滤镜

如果分别对图像的各个通道使用滤镜，最终效果和对原图像直接使用滤镜是一样的。对图像的部分通道使用滤镜，可以得到一些特别的效果。原图像如图 13-108 所示，对图像的绿通道和蓝通道分别使用径向模糊滤镜，得到的效果如图 13-109 所示。

图 13-108

图 13-109

13.2.4　转换为智能滤镜

常用滤镜在应用后就不能改变滤镜的相关数值，而智能滤镜是针对智能对象使用的、可调节滤镜效果的一种应用模式。

打开一幅图像在"图层"控制面板中选中需要的图层，如图 13-110 所示。选择"滤镜 > 转换为智能滤镜"命令，弹出提示对话框，单击"确定"按钮，"图层"控制面板如图 13-111 所示。选择"滤镜 > 模糊 > 动感模糊"命令，为图像添加动感模糊效果，在"图层"控制面板中，此图层的下方显示出滤镜名称，如图 13-112 所示。

双击"图层"控制面板中的滤镜名称，可以在弹出的相应对话框中重新设置参数。单击滤镜名称右侧的"双击以编辑滤镜混合选项"图标，弹出"混合选项"对话框，在该对话框中可以设置滤镜效果的模式和不透明度，如图 13-113 所示。

图 13-110

图 13-111

图 13-112

图 13-113

13.2.5　对滤镜效果进行调整

对图像应用"动感模糊"滤镜后，效果如图 13-114 所示。按 Shift+Ctrl+F 组合键，弹出"渐隐"对话框，调整不透明度并选择模式，如图 13-115 所示。单击"确定"按钮，滤镜效果产生变化，如图 13-116 所示。

图 13-114　　　　　　　　　　　图 13-115　　　　　　　　　　　图 13-116

课堂练习——制作美妆护肤类公众号封面首图

【练习知识要点】使用液化滤镜中的向前变形工具和褶皱工具调整人物脸型，使用移动工具添加文字和产品，最终效果如图 13-117 所示。

【效果所在位置】Ch13/ 效果 / 制作美妆护肤类公众号封面首图 .psd。

课堂练习

制作美妆护肤类
公众号封面首图

图 13-117

课后习题——制作家用电器类公众号封面首图

【习题知识要点】使用移动工具添加边框、热水壶和文字，使用"USM 锐化"命令调整热水壶的清晰度，最终效果如图 13-118 所示。

【效果所在位置】Ch13/ 效果 / 制作家用电器类公众号封面首图 .psd。

课后习题

制作家用电器
类微信公众号
封面首图

图 13-118

第 14 章
动作的应用

本章介绍

　　本章主要介绍"动作"控制面板和动作的应用技巧，并通过多个课堂案例进一步讲解动作的相关操作。通过本章的学习，学习者能够快速地掌握创建动作以及应用动作的方法。

学习目标

- 了解"动作"控制面板并掌握动作的应用技巧。
- 熟练掌握创建动作的方法。

技能目标

- 掌握"娱乐类公众号封面首图"的制作方法。
- 掌握"文化类公众号封面首图"的制作方法。

素养目标

- 培养能够合理制订学习计划的自主学习能力。
- 培养能够正确理解他人问题的沟通交流能力。
- 培养敏锐的思维和强大的分析能力。

14.1 "动作"控制面板及动作的应用

应用"动作"控制面板及其面板菜单可以对动作进行各种处理和操作。

14.1.1 课堂案例——制作娱乐类公众号封面首图

【案例学习目标】学习使用"动作"控制面板调整图像颜色。

【案例知识要点】使用外挂动作制作公众号封面底图，最终效果如图 14-1 所示。

图 14-1

【效果所在位置】Ch14/ 效果 / 制作娱乐类公众号封面首图 .psd。

（1）按 Ctrl + O 组合键，打开云盘中的"Ch14 > 素材 > 制作娱乐类公众号封面首图 > 01"文件，如图 14-2 所示。选择"窗口 > 动作"命令，弹出"动作"控制面板，如图 14-3 所示。

图 14-2

图 14-3

（2）单击"动作"控制面板右上方的 ≡ 图标，在弹出的面板菜单中选择"载入动作"命令，在弹出的对话框中选择云盘中的"Ch14 > 素材 > 制作娱乐类公众号封面首图 > 02"文件，单击"载入"按钮，载入动作命令，如图 14-4 所示。单击"09"动作组左侧的 按钮，查看动作应用的步骤，如图 14-5 所示。

图 14-4

图 14-5

（3）选择"动作"控制面板中新动作的第一步，单击下方的"播放选定的动作"按钮 ▶，效果如图 14-6 所示。

（4）按 Ctrl+O 组合键，打开云盘中的"Ch14 > 素材 > 制作娱乐类公众号封面首图 > 03"文件。选择"移动工具" ⊕，将"03"图像拖曳到"01"图像窗口中的适当位置，效果如图 14-7 所示。"图层"控制面板中生成新的图层，将其重命名为"文字"。娱乐类公众号封面首图制作完成。

图 14-6

图 14-7

14.1.2 "动作"控制面板

"动作"控制面板用于对一批需要进行相同处理的图像执行批处理操作，以减少重复操作。选择"窗口 > 动作"命令，或按 Alt+F9 组合键，弹出图 14-8 所示的"动作"控制面板。面板下方有一排动作操作按钮，包括"停止播放 / 记录"按钮 ■、"开始记录"按钮 ●、"播放选定的动作"按钮 ▶、"创建新组"按钮 ▢、"创建新动作"按钮 ▢、"删除"按钮 🗑。

单击"动作"控制面板右上方的 ≡ 图标，弹出的面板菜单如图 14-9 所示。

图 14-8

图 14-9

14.2 创建动作

14.2.1 课堂案例——制作文化类公众号封面首图

【案例学习目标】学习使用"动作"控制面板创建动作。

【案例知识要点】使用色相／饱和度、亮度／对比度和照片滤镜调整图层调整图像颜色，使用合并图层和"阈值"命令制作黑白图像，设置图层混合模式和不透明度制作特殊效果，使用"动作"控制面板记录动作，最终效果如图 14-10 所示。

图 14-10

【效果所在位置】Ch14/ 效果 / 制作文化类公众号封面首图 .psd。

（1）按 Ctrl + N 组合键，弹出"新建文档"对话框，设置"宽度"为 900 像素，"高度"为 383 像素，"分辨率"为 72 像素／英寸，"颜色模式"为"RGB 颜色"，"背景内容"为"白色"，单击"创建"按钮，新建一个文件。

（2）按 Ctrl+O 组合键，打开云盘中的"Ch14 > 素材 > 制作文化类公众号封面首图 > 01"文件。选择"移动工具" ，将"01"图像拖曳到新建文件的图像窗口中适当的位置并调整其大小，效果如图 14-11 所示。"图层"控制面板中生成新的图层，将其重命名为"图片"。

图 14-11

（3）选择"窗口 > 动作"命令，弹出"动作"控制面板，单击控制面板下方的"创建新动作"按钮 ，弹出"新建动作"对话框，如图 14-12 所示，单击"记录"按钮。

图 14-12

（4）单击"图层"控制面板下方的"创建新的填充或调整图层"按钮 ，在弹出的菜单中选择"色相 / 饱和度"命令，"图层"控制面板中生成"色相 / 饱和度 1"图层，同时弹出色相 / 饱和度的"属性"控制面板，选项的设置如图 14-13 所示。按 Enter 键确定操作，图像效果如图 14-14 所示。

图 14-13　　　　　　　　　　　　　　　　　　　　图 14-14

（5）单击"图层"控制面板下方的"创建新的填充或调整图层"按钮 ，在弹出的菜单中选择"亮度 / 对比度"命令，"图层"控制面板中生成"亮度 / 对比度 1"图层，同时弹出亮度 / 对比度的"属性"控制面板，选项的设置如图 14-15 所示。按 Enter 键确定操作，图像效果如图 14-16 所示。

图 14-15　　　　　　　　　　　　　　　　　　　　图 14-16

（6）单击"图层"控制面板下方的"创建新的填充或调整图层"按钮 ，在弹出的菜单中选择"照片滤镜"命令，"图层"控制面板中生成"照片滤镜 1"图层，同时弹出照片滤镜的"属性"控制面板，选项的设置如图 14-17 所示。按 Enter 键确定操作，图像效果如图 14-18 所示。

图 14-17　　　　　　　　　　　　　　　　　　　　图 14-18

（7）按 Alt+Shift+Ctrl+E 组合键，向下合并可见图层，生成新的图层并将其重命名为"黑白"。选择"图像 > 调整 > 阈值"命令，在弹出的对话框中进行设置，如图 14-19 所示，单击"确定"按钮，效果如图 14-20 所示。

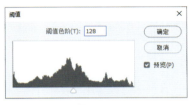

图 14-19

图 14-20

（8）在"图层"控制面板上方将该图层的混合模式设置为"柔光"，"不透明度"选项设置为50%，如图 14-21 所示。按 Enter 键确定操作，效果如图 14-22 所示。单击"动作"控制面板下方的"停止播放 / 记录"按钮 ■，停止动作的录制。

图 14-21

图 14-22

（9）按 Ctrl + O 组合键，打开云盘中的"Ch14 > 素材 > 制作文化类公众号封面首图 > 02"文件。选择"移动工具" ⊕，将"02"图像拖曳到新建文件的图像窗口中适当的位置，效果如图 14-23 所示。"图层"控制面板中生成新的图层，将其重命名为"文字"。文化类公众号封面首图制作完成。

图 14-23

14.2.2　创建动作的方法

打开一幅图像，如图 14-24 所示。在"动作"控制面板的面板菜单中选择"新建动作"命令，弹出"新建动作"对话框，按照图 14-25 所示进行设定。单击"开始记录"按钮，"动作"控制面板中出现"动作 1"，如图 14-26 所示。

图 14-24   图 14-25   图 14-26

　　在"图层"控制面板中新建"图层 1"，如图 14-27 所示。"动作"控制面板中记录下了新建"图层 1"的动作，如图 14-28 所示。

图 14-27   图 14-28

　　在"图层 1"中填充渐变色，效果如图 14-29 所示。"动作"控制面板中记录下了填充渐变色的动作，如图 14-30 所示。

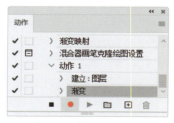

图 14-29   图 14-30

　　在"图层"控制面板中将"图层 1"的混合模式设为"叠加"，如图 14-31 所示。"动作"控制面板中记录下了选择模式的动作，如图 14-32 所示。

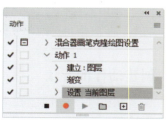

图 14-31   图 14-32

对图像的编辑完成，效果如图 14-33 所示。在"动作"控制面板的动作操作按钮中单击"停止记录"按钮，"动作 1"的记录完成，如图 14-34 所示。"动作 1"中的编辑过程可以应用到其他的图像当中。

图 14-33

图 14-34

打开一幅图像，如图 14-35 所示。在"动作"控制面板中选择"动作 1"，如图 14-36 所示。单击"播放选定的动作"按钮 ▶ ，此图像的编辑过程和效果就是刚才编辑图像时的编辑过程和效果，最终效果如图 14-37 所示。

图 14-35

图 14-36

图 14-37

课堂练习——制作"悦"读生活公众号封面次图

【练习知识要点】使用"动作"控制面板中的"油彩蜡笔"命令制作蜡笔效果，最终效果如图 14-38 所示。

【效果所在位置】Ch14/ 效果 / 制作"悦"读生活公众号封面次图 .psd。

图 14-38

课堂练习
制作"悦"读生活
公众号封面次图

课后习题——制作影像艺术公众号封面首图

【习题知识要点】使用"载入动作"命令制作公众号封面首图，最终效果如图 14-39 所示。

【效果所在位置】Ch14/ 效果 / 制作影像艺术公众号封面首图 .psd。

图 14-39

课后习题

制作影像艺术
公众号封面首图

第 15 章
综合设计实训

本章介绍

　　本章通过多个商业案例实训，让学习者能够快速地掌握 Photoshop 的功能和图像处理的要点，制作出变化丰富的设计作品。

学习目标

- ✓ 掌握 Photoshop 的基础操作。
- ✓ 了解 Photoshop 的常用设计领域。
- ✓ 掌握 Photoshop 在不同设计领域的应用。

技能目标

- ✓ 掌握"时钟图标"的制作方法。
- ✓ 掌握"旅游类 App 首页"的制作方法。
- ✓ 掌握"空调扇 Banner"的制作方法。
- ✓ 掌握"美妆类图书封面"的制作方法。
- ✓ 掌握"果汁饮料包装"的制作方法。
- ✓ 掌握"中式茶叶官网首页"的制作方法。

素养目标

- ✓ 培养自我管理和不断进步的自我提升能力。
- ✓ 培养积极进取的职业精神。
- ✓ 培养高度的责任感和协作沟通能力。

15.1　图标设计——制作时钟图标

15.1.1　项目背景及要求

1．客户名称

微迪设计公司。

2．客户需求

微迪设计公司是一家集 UI 设计、VI 设计于一体的设计公司，得到了众多客户的好评。公司现阶段需要为新开发的时钟 App 设计一款图标，要求使用拟物化的形式表现出 App 的特征，要有极高的辨识度。

3．设计要求

（1）拟物化的图标真实直观、辨识度高。

（2）图标简洁明了，颜色搭配合理。

（3）色彩简洁亮丽，增强图标的活泼感。

（4）设计规格为 1 024 像素（宽）×1 024 像素（高），分辨率为 72 像素 / 英寸。

微课视频　　扩展案例

制作时钟图标　绘制记事本图标

15.1.2　项目创意及制作

1．设计作品

设计作品效果所在位置：本书云盘中的"Ch15/ 效果 / 制作时钟图标 .psd"。时钟图标如图 15-1 所示。

图 15-1

2．制作要点

使用椭圆工具、"减去顶层形状"命令和图层样式绘制表盘，使用圆角矩形工具、矩形工具和剪贴蒙版绘制指针和刻度，使用钢笔工具、"图层"控制面板和渐变工具制作投影。

15.2　App 页面设计——制作旅游类 App 首页

15.2.1　项目背景及要求

1．客户名称

畅游旅游 App。

2．客户需求

畅游旅游是一家在线票务服务公司，

微课视频　　微课视频　　微课视频　　扩展案例

制作旅游类　制作旅游类　制作旅游类　制作食品餐饮行业
App 首页 1　App 首页 2　App 首页 3　产品营销 H5 首页

已成立多年，成功整合了高科技产业与传统旅游行业，为会员提供包括酒店预订、机票预订、商旅管理、特惠商户及旅游资讯在内的全方位旅行服务。现为美化公司 App，需要重新设计该 App 的首页，要求符合公司经营项目的特点。

3．**设计要求**

（1）页面布局合理，模块划分清晰、明确。

（2）Banner 采用风景图与文字结合的形式，突出主题。

（3）整体色彩鲜艳时尚，能使人产生浏览兴趣。

（4）景点图与介绍性文字合理搭配，相互呼应。

（5）设计规格为 750 像素（宽）×2 086 像素（高），分辨率为 72 点 / 英寸。

15.2.2　项目创意及制作

1．**素材资源**

素材所在位置：本书云盘中的"Ch15/ 素材 / 制作旅游类 App 首页 /01 ～ 17"。

2．**设计作品**

设计作品效果所在位置：本书云盘中的"Ch15/ 效果 / 制作旅游类 App 首页 .psd"。旅游类 App 首页如图 15-2 所示。

图 15-2

3．制作要点

使用圆角矩形工具、矩形工具和椭圆工具绘制形状，使用"置入嵌入对象"命令置入图像和图标，使用剪贴蒙版调整图像显示区域，使用图层样式添加效果，使用横排文字工具输入文字。

15.3　Banner 设计——制作空调扇 Banner

15.3.1　项目背景及要求

1．客户名称

戴森尔。

2．客户需求

微课视频　　　　扩展案例

制作空调扇　　制作电商平台
Banner　　　App 主页 Banner

戴森尔是一家电商用品零售企业，贩售平整式包装的家具、电器配件、浴室用品和厨房用品等。公司近期推出新款变频空调扇，需要为其制作一个全新的 Banner，要求起到宣传该空调扇的作用，向客户传递清新和雅致的感受。

3．设计要求

（1）画面要求以产品图像为主体，模拟实际场景，能给人直观的视觉感受。

（2）使用直观、醒目的文字来诠释广告主题，表现产品特色。

（3）整体色彩清新干净，与宣传主题相呼应。

（4）设计风格简洁大方，给人整洁干练的感觉。

（5）设计规格为 1 920 像素（宽）×800 像素（高），分辨率为 72 像素 / 英寸。

15.3.2　项目创意及制作

1．素材资源

素材所在位置：本书云盘中的"Ch15/ 素材 / 制作空调扇 Banner/01 ～ 03"。

2．设计作品

设计作品效果所在位置：本书云盘中的"Ch15/ 效果 / 制作空调扇 Banner.psd"。空调扇 Banner 如图 15-3 所示。

图 15-3

3．制作要点

使用椭圆工具和高斯模糊滤镜为空调扇添加阴影效果，使用"色阶"命令调整图像颜色，使用圆角矩形工具、横排文字工具和"字符"控制面板添加产品及相关功能介绍。

15.4 图书装帧设计——制作美妆类图书封面

15.4.1 项目背景及要求

1. 客户名称

文理青年出版社。

2. 客户需求

文理青年出版社即将出版一本关于
化妆的图书，名字叫作《四季美妆私语》，目前需要为图书设计封面，在图书出版及发售时使用，
图书封面设计要求围绕化妆这一主题，能够通过封面吸引读者注意，并且将图书内容在封面中很好
地体现出来。

微课视频	微课视频	微课视频	扩展案例
制作美妆类图书封面1	制作美妆类图书封面2	制作美妆类图书封面3	制作花卉书籍封面

3. 设计要求

（1）使用可爱、漂亮的背景，注重细节的修饰和处理。

（2）整体色调美观舒适、颜色丰富、搭配自然。

（3）要表现出化妆的魅力和特色，与图书主题相呼应。

（4）设计规格为 466 毫米（宽）× 266 毫米（高），分辨率为 300 点 / 英寸。

15.4.2 项目创意及制作

1. 素材资源

素材所在位置：本书云盘中的"Ch15/ 素材 / 制作美妆类图书封面 /01 ～ 07"。

2. 设计作品

设计作品效果所在位置：本书云盘中的"Ch15/ 效果 / 制作美妆类图书封面 .psd"。美妆类图
书封面如图 15-4 所示。

图 15-4

3. 制作要点

使用"新建参考线"命令添加参考线，使用矩形工具、不透明度选项和剪贴蒙版制作宣传图片，
使用椭圆工具、"定义图案"命令和"图案填充"命令制作背景，使用自定形状工具绘制装饰图形，
使用横排文字工具和"描边"命令添加相关文字。

15.5　包装设计——制作果汁饮料包装

15.5.1　项目背景及要求

1. 客户名称

天乐饮料有限公司。

2. 客户需求

天乐饮料是一家以纯天然果汁为主
要产品的饮料企业。现要为公司设计一款有机果汁饮料的包装，产品主要针对的是关注健康、注意营养膳食结构的人群。在包装设计上要体现出果汁来源于新鲜水果的信息。

微课视频
制作果汁饮料
包装 1

微课视频
制作果汁饮料
包装 2

微课视频
制作果汁饮料
包装 3

微课视频
制作果汁饮料
包装 4

扩展案例

制作洗发水包装

3. 设计要求

（1）包装风格要求以米黄色和粉红色为主，体现出产品新鲜、健康的特点。

（2）字体要求简洁大气，符合整体的包装风格，让人印象深刻。

（3）设计以水果图片为主，图文搭配合理，视觉效果强烈。

（4）以真实简洁的方式向观者传达产品信息。

（5）设计规格为 290 毫米（宽）×290 毫米（高），分辨率为 300 点 / 英寸。

15.5.2　项目创意及制作

1. 素材资源

素材所在位置：本书云盘中的"Ch15/ 素材 / 制作果汁饮料包装 /01 ～ 11"。

2. 设计作品

设计作品效果所在位置：本书云盘中的"Ch15/ 效果 / 制作果汁饮料包装 .psd"。果汁饮料包装如图 15-5 所示。

图 15-5

3. 制作要点

使用"新建参考线"命令添加参考线，使用选框工具和绘图工具添加背景，使用移动工具、"蒙版"命令和画笔工具制作水果和环境图片，使用横排文字工具和"文字变形"命令添加宣传文字，使用"自由变换"命令和钢笔工具制作立体效果，使用移动工具制作广告效果。

15.6 网页设计——制作中式茶叶官网首页

15.6.1 项目背景及要求

1. 客户名称

品茗茶叶有限公司。

2. 客户需求

品茗茶叶是一家以制茶为主的企业，
秦承汇聚源产地好茶的理念，在业内深受客户的喜爱，已开设多家连锁店。现为提升公司知名度，需要设计官网首页，要求体现公司内涵、传达企业理念，并展示出主营产品。

3. 设计要求

（1）整体版面以中式风格为主。

（2）设计简洁大方，体现绿色生态的理念。

（3）以绿色和白色为主色调，和谐统一。

（4）要求体现主营产品的种类和种植环境。

（5）设计规格为 1 920 像素（宽）× 4 867 像素（高），分辨率为 72 点 / 英寸。

微课视频
制作中式茶叶
官网首页 1

微课视频
制作中式茶叶
官网首页 2

微课视频
制作中式茶叶
官网首页 3

微课视频
制作中式茶叶
官网首页 4

扩展案例
制作生活家居类
网站首页

15.6.2 项目创意及制作

1. 素材资源

素材所在位置：本书云盘中的"Ch15/ 素材 / 制作中式茶叶官网首页 /01 ~ 24"。

2. 设计作品

设计作品效果所在位置：本书云盘中的"Ch15/ 效果 / 制作中式茶叶官网首页 .psd"。中式茶叶官网首页如图 15-6 所示。

图 15-6

3. 制作要点

使用"新建参考线"命令建立参考线，使用"置入嵌入对象"命令置入图像，使用剪贴蒙版调整图像显示区域，使用横排文字工具添加文字，使用矩形工具和圆角矩形工具绘制基本形状。

课堂练习 1——设计女包类 App 主页 Banner

练习 1.1　项目背景及要求

课堂练习

设计女包类 App
主页 Banner

1. 客户简介

晒潮流是为广大年轻消费者提供服饰销售及售后服务的平台。该平台拥有来自全球不同地区、不同风格的服饰，而且会为用户推荐极具特色的新品。

2. 客户需求

现需要为女包类 App 主页设计一款 Banner，要求在展现产品特色的同时，突出优惠力度。

3. 设计要求

（1）以女包为主题。

（2）背景设计要动静结合，具有视觉冲击力，营造出充满活力、热闹的氛围。

（3）使用富有朝气的颜色，给人青春洋溢的印象。

（4）标题设计醒目突出，以达到宣传的目的。

（5）设计规格为 750 像素（宽）×200 像素（高），分辨率为 72 像素 / 英寸。

练习 1.2　项目创意及制作

1. 素材资源

素材所在位置：本书云盘中的"Ch15/ 素材 / 设计女包类 App 主页 Banner/01 ~ 04"。

2. 设计作品

设计作品效果所在位置：本书云盘中的"Ch15/ 效果 / 设计女包类 App 主页 Banner.psd"。女包类 App 主页 Banner 如图 15-7 所示。

图 15-7

3. 制作要点

使用移动工具添加素材，使用"色阶"命令、"色相 / 饱和度"命令和"亮度 / 对比度"命令调整图像颜色，使用横排文字工具添加广告文字。

课堂练习 2——设计摄影类图书封面

练习 2.1　项目背景及要求

设计摄影类　　设计摄影类　　设计摄影类
图书封面 1　　图书封面 2　　图书封面 3

1.　客户名称

文安摄影出版社。

2.　客户需求

文安摄影出版社是一家为广大读者提供品种丰富且内容优质的图书的出版社。该出版社目前有一本摄影方面的图书需要根据其内容特点设计图书封面。

3.　设计要求

（1）使用优秀摄影作品作为主要内容，吸引读者的注意。

（2）在画面中要添加推荐文字，布局合理，主次分明。

（3）封底与封面设计相互呼应，向读者传达主要的信息。

（4）整体设计要醒目直观，让人印象深刻。

（5）设计规格为 355 毫米（宽）×229 毫米（高），分辨率为 72 像素 / 英寸。

练习 2.2　项目创意及制作

1.　素材资源

素材所在位置：本书云盘中的"Ch15/ 素材 / 设计摄影类图书封面 /01"。

2.　设计作品

设计作品效果所在位置：本书云盘中的"Ch15/ 效果 / 设计摄影类图书封面 .psd"。摄影类图书封面如图 15-8 所示。

图 15-8

3.　制作要点

使用矩形工具、移动工具和剪贴蒙版制作封面主体，使用横排文字工具和"字符"控制面板添加图书信息，使用矩形工具和自定形状工具绘制标识。

课后习题 1——设计冰激凌包装

习题 1.1　项目背景及要求

1．客户名称

怡喜。

2．客户需求

怡喜是一家冰激凌公司，不仅售卖悉尼之风、冰雪奇缘、鲜果塔、甜蜜城堡、马卡龙等甜品，还售卖香草、抹茶、曲奇香奶、芒果、提拉米苏等口味的冰激凌。现推出新款草莓口味冰激凌，需要为其制作一款独立包装，要求包装与产品契合，体现产品特色。

3．设计要求

（1）整体颜色搭配合理，主题突出，给人舒适感。

（2）要表现出草莓酱与冰激凌球的搭配能带给人甜蜜细腻的口感，突显出产品的特色。

（3）字体的设计与宣传的主体相呼应。

（4）整体设计简洁方便，易给人好感，使人产生购买欲望。

（5）设计规格为 200 毫米（宽）×160 毫米（高），分辨率为 150 像素／英寸。

习题 1.2　项目创意及制作

1．素材资源

素材所在位置：本书云盘中的"Ch15/ 素材 / 设计冰激凌包装 /01 ～ 06"。

2．设计作品

设计作品效果所在位置：本书云盘中的"Ch15/ 效果 / 设计冰激凌包装 .psd"。冰激凌包装如图 15-9 所示。

图 15-9

3．制作要点

使用椭圆工具、图层样式、"色阶"命令和横排文字工具制作包装平面图，使用移动工具、"置入嵌入对象"命令和"投影"命令制作包装展示效果。

课后习题 2——设计中式茶叶官网详情页

习题 2.1　项目背景及要求

1. 客户名称

品茗茶叶有限公司。

2. 客户需求

品茗茶叶是一家以制茶为主的企业，秉承汇聚源产地好茶的理念，在业内深受客户的喜爱，已开设多家连锁店。现为推广茶文化，需要设计官网详情页，要求着重体现品茶方法，并普及泡茶过程以及制茶流程。

3. 设计要求

（1）整体版面以中式风格为主。

（2）设计简洁大方，体现绿色生态的理念。

（3）以绿色和白色为主色调，和谐统一。

（4）要求体现品茶方法、泡茶过程及制茶流程。

（5）设计规格为 1 920 像素（宽）× 7 302 像素（高），分辨率为 72 点 / 英寸。

课后习题

设计中式茶叶
官网详情页 1

习题 2.2　项目创意及制作

1. 素材资源

素材所在位置：本书云盘中的"Ch15/ 素材 / 设计中式茶叶官网详情页 /01 ~ 30"。

2. 设计作品

设计作品效果所在位置：本书云盘中的"Ch15/ 效果 / 设计中式茶叶官网详情页 .psd"。中式茶叶官网详情页如图 15-10 所示。

3. 制作要点

使用"新建参考线"命令建立参考线，使用"置入嵌入对象"命令置入图像，使用剪贴蒙版调整图像显示区域，使用横排文字工具添加文字，使用矩形工具和椭圆工具绘制基本形状。

课后习题

设计中式茶叶
官网详情页 2

图 15-10